Yadira Jovita Velasco Torres

Detección de Subpoblaciones de Células T Reguladoras en Ratas Desnutridas durante la Lactancia

GRIN Publishing

Bibliographic information published by the German National Library:

The German National Library lists this publication in the National Bibliography; detailed bibliographic data are available on the Internet at http://dnb.dnb.de .

Imprint:

Copyright © 2014 GRIN Verlag GmbH
Print and binding: Books on Demand GmbH, Norderstedt Germany
ISBN: 978-3-656-89250-2

This book at GRIN:

http://www.grin.com/es/e-book/288757/deteccion-de-subpoblaciones-de-celulas-t-reguladoras-en-ratas-desnutridas

GRIN - Your knowledge has value

Since its foundation in 1998, GRIN has specialized in publishing academic texts by students, college teachers and other academics as e-book and printed book. The website www.grin.com is an ideal platform for presenting term papers, final papers, scientific essays, dissertations and specialist books.

Visit us on the internet:

http://www.grin.com/

http://www.facebook.com/grincom

http://www.twitter.com/grin_com

UNIVERSIDAD AUTÓNOMA METROPOLITANA

UNIDAD IZTAPALAPA

Casa abierta al tiempo

DIVISIÓN DE CIENCIAS BIOLÓGICAS Y DE LA SALUD
POSGRADO EN BIOLOGIA EXPERIMENTAL

DETECCIÓN DE SUBPOBLACIONES DE CÉLULAS T REGULADORAS EN RATAS DESNUTRIDAS DURANTE LA LACTANCIA

T E S I S

Para obtener el grado de
Maestra en Biología Experimental

P R E S E N T A

QFB. YADIRA JOVITA VELASCO TORRES

México, D.F. Diciembre 2014

El programa de Maestría en Biología Experimental de la Universidad Autónoma Metropolitana pertenece al Programa Nacional de Posgrado de Calidad (PNPC) del CONACYT, registro 001481, en el nivel Consolidado, y cuenta con apoyo del mismo Consejo, clave DAFCYT-20003IMPTNNN0020.

Agradezco al Consejo Nacional de Ciencia y Tecnología la beca otorgada para la realización de mis estudios de maestría con número 283840.

El trabajo se realizó en el laboratorio de Biología Celular y Citometría de Flujo del Departamento de Ciencias de la Salud de la Universidad Autónoma Metropolitana-Iztapalapa

SER EXCELENTE es hacer las cosas y no demostrar razones por las que no se puede hacer.

SER EXCELENTE es comprender que la vida no es algo que se nos da hecha, sino que tenemos que producir las oportunidades para alcanzar el éxito.

SER EXCELENTE es comprender que en base a una férrea disciplina, es factible forjar un carácter de triunfadores.

SER EXCELENTE es trazarse un plan y lograr todos los objetivos deseados a pesar de todas las circunstancias.

SER EXCELENTE es saber decir "me equivoque" y proponerse no cometer el mismo error.

SER EXCELENTE es levantarse cada vez que se fracasa, con un espíritu de aprendizaje y superación.

SER EXCELENTE es reclamarse, así mismo, el desarrollo de nuestras potencialidades plenamente, buscando incansable realización.

SER EXCELENTE es ejercer nuestra libertad y ser responsables de cada una de nuestras vidas.

SER EXCELENTE es sentirse ofendido y lanzarse a la acción en contra de la pobreza, la calumnia y la injusticia.

SER EXCELENTE es levantar los ojos de la tierra, elevar el espíritu y soñar con lograr lo imposible.

SER EXCELENTE es trascender a nuestro tiempo, legando a las futuras generaciones un mundo mejor.

Un líder de EXCELENCIA es lo que el mundo necesita y el que reclama la vida.

Eliseba Vargas

DEDICATORIAS

A *Edgar Jaramillo y Regina Aline Jaramillo*, mis amores. Sin ellos esta etapa de mi vida no hubiera sido posible.

A mis padres *Hermila y Crescencio*, por darme el privilegio de vivir y por ser los primeros maestros de mi vida.

A toda mi familia, porque en ocasiones no podía estar con ellos por estar estudiando. Sin embargo, ellos siempre estuvieron ahí para mí.

A mis amigos:

Shei, Stephi y Monse

Gracias por su amistad, por todo su apoyo, por estar conmigo en los momentos felices y tristes, por todas las sonrisas y las lágrimas, por compartir su tiempo y su conocimiento, pero sobre todo, por dejarme ser parte de su vida, los quiero mucho.
Gracias por ser parte de mi vida.

Ese es un amigo

Aquel quien, cuando te vas, te extraña con tristeza
Aquel quien, a tu retorno, te recibe con alegría
Aquel cuya irritación jamás se deja notar
Ese es a quien yo llamo un amigo.

Aquel quien más pronto da que pide
Aquel quien es el mismo hoy y mañana
Aquel quien compartirá tu pena igual que tu alegría
Ese es a quien yo llamo un amigo.

Aquel quien siempre está dispuesto a ayudar
Aquel cuyos consejos siempre fueron buenos
Aquel quien no teme defenderte cuando te atacan
Ese es a quien yo llamo un amigo.
Extracto de un poema de John Burroughs

AGRADECIMIENTOS

A *Edgar y Aline*, gracias por su ayuda incondicional y su comprensión, los AMO.

A la *Dra. Rocío Ortiz Muñiz*, gracias por darme la oportunidad de trabajar en el laboratorio, por todo su apoyo y por ser un gran ejemplo de ser humano.

A la *Dra. Leonor Rodríguez Cruz*, gracias por guiarme, por su apoyo, por su tiempo, por su calidad humana y por permitirme trabajar con usted en este proyecto.

A la *Dra. Ma. Dolores Correa Beltrán*, gracias por todo su apoyo, por su valioso tiempo, por sus palabras, su entusiasmo, y su gran excelencia personal y profesional.

A la *Dra. Elsa Cervantes*, gracias por su apoyo y por siempre tener tiempo para mis dudas.

A la *Dra. Edith Cortés*, gracias por su ayuda y por las pláticas amenas.

Al *Sr. Adolfo Pastelin*, gracias por su valiosa ayuda, sin su apoyo no hubiera sido posible concluir el proyecto. Gracias por siempre estar dispuesto a ayudarnos y gracias por su gran capacidad de servicio.

A los compañeros de la universidad que de una u otra manera me apoyaron.

A las personas que conocí en este tiempo y me hicieron tener un espíritu más crítico para valorar las cosas buenas y no las malas con las que solemos encontrarnos…

En Memoria

Dr. Rubén Darío de Jesús Martínez Pérez

Laboratorio de Patología Experimental, Departamento de Medicina Experimental, Facultad de Medicina UNAM con sede en el Hospital General de México

Agradecerle, reconocerle y recordarlo…

…por apoyarme y siempre estar dispuesto a ayudarme.

En paz descanse.

ÍNDICE

ÍNDICE DE FIGURAS

ÍNDICE DE CUADROS

RESUMEN

La desnutrición es un proceso complejo que afecta a todo el organismo no sólo por la pérdida de peso sino también por las alteraciones que se originan en el sistema inmunológico (SI). La función principal del SI es defender a nuestro organismo frente a las agresiones externas. Se ha demostrado que diferentes tipos celulares poseen la capacidad de regular la respuesta inmunológica, una de las poblaciones de células T que nos ayudan a contribuir en este equilibrio y establecer el control de la respuesta inmunológica son las células T reguladoras (Treg). Durante la infección por patógenos estas células reducen la magnitud de la respuesta efectora, lo cual limita la respuesta inmunológica y por lo tanto el control de la infección. Las células T reguladores constituyen un grupo particular de linfocitos TCD4+, que desempeñan un papel fundamental en el mantenimiento de la tolerancia a antígenos propios, evitan la aparición de enfermedades autoinmunes, controlan el desarrollo de una respuesta inmunológica excesiva frente a agentes patógenos o frente a distintos alérgenos. Se ha demostrado que las células Treg aisladas de sangre periférica suprimen la proliferación y la producción de citocinas en células T nativas y de memoria *in vitro*. Existen varios estudios que sustentan el efecto de la desnutrición sobre la función inmunológica, pero aun no se ha determinado con claridad los posibles mecanismos por los cuales los organismos desnutridos muestran una respuesta inmunológica ineficiente ante las infecciones. Por lo que consideramos esencial evaluar la proporción de las células Treg en timo y sangre de ratas desnutridas y bien nutridas durante la lactancia, así como medir la producción de IL-10 intracelular, para conocer si es una de las posibles causas de la deficiente respuesta inmunológica asociada con la desnutrición.

El promedio obtenido del porcentaje de células Treg en timo y sangre de ratas Desnutridas (DN) fue significativamente mayor que en ratas Bien Nutridas (BN). En cuanto a la producción de IL-10 intracelular en ratas DN también se observó un marcado aumento comparado con las ratas BN. Se realizó la prueba estadística no paramétrica de U Mann Whitney, considerándose significativa una $p < 0.05$. Las células Treg juegan un papel clave en el equilibrio de prácticamente todas las respuestas inmunológicas, se ha observado que las Treg pueden interferir en la respuesta inmunológica frente a infecciones por virus, bacterias y parásitos, realizando un papel dual, es decir, por un lado pueden tener un efecto protector y por otro lado pueden suprimir la respuesta inmunológica. Esta regulación es indispensable ya que en ocasiones puede ser excesiva y afectar el desarrollo de una respuesta inmunológica efectora adecuada. Por tanto, en la desnutrición el aumento observado en las células Treg en ratas desnutridas comparadas con los controles en cuanto a la proporción de las Treg indica que estas células podrían afectar el desarrollo de una respuesta inmunológica eficiente, de igual forma en este estudio se encontró que la producción de IL-10 está significativamente aumentada respecto a los controles por lo se infiere que el aumento de las células Treg y el aumento de la IL-10 podrían ser la causa de la inmunosupresión en los organismos desnutridos, aunque cabe mencionar que se necesitan esclarecer varios puntos con respecto a los mecanismos supresores de las células Treg en la desnutrición.

ABSTRACT

Malnutrition is a complex process that affects the entire body not just for weight loss but also for alterations that originate from the immune system (IS). The main function of IS is to defend our bodies against aggressions external. It has been shown that different types of cell have the ability to regulate immune response, one of the populations of T-cell help us contribute to this balance and establish control of the immune response are regulatory T cells (Treg). During infection by pathogens these cells reduce the magnitude of effector response, which limits the immune and therefore infection control response. Treg are a particular group of lymphocytes CD4+, which play a fundamental role in the maintenance of tolerance to antigens themselves, avoid the occurrence of autoimmune diseases, control the development of an excessive immune response to pathogens or against different allergens. It has been shown that Treg cells isolated from peripheral blood, suppress the proliferation and cytokine production by native T cells *in vitro* and memory. There are several studies that support the effect of malnutrition on immune function, even the possible mechanisms by which malnourished bodies show an inefficient immune response to infections has not been determined with clarity. As we consider essential to assess the proportion of Treg cells in thymus and peripheral blood of undernutrition (UN) and well-nourished (WN) rats during lactation, as well as measure the production of intracellular IL-10, to see if it is one of the possible causes of poor immune response associated with malnutrition.

The average obtained from the percentage of Treg cells in thymus and peripheral blood of UN was significantly higher than WN rats. Regarding the production of intracellular IL-10 in rats UN also noted a marked increase compared with WN rats, considering significant value of $p \leq 0.05$.

Treg cells play a key role in the balance of practically all immune responses, it has been observed that the Treg may interfere with the immune response to infections by viruses, bacteria and parasites, performing a dual role, is, on the one hand can have a protective effect, and on the other hand they may suppress the immune response. This regulation is essential because, it can sometimes be excessive and affect the development of an adequate effector immune response. Therefore, in the malnutrition increase observed in Treg cells in UN rats compared with controls groups in terms of the proportion of the Treg cells indicates that these cells could affect the development of an efficient immune response, likewise in this study it was found that IL-10 production is significantly increased with respect to controls by it can be inferred that Treg cells increased and the increase in IL-10 could be the cause of immunosuppression in malnourished bodies, although it is worth mentioning that they are needed to clarify several points with respect to the suppressor mechanisms Treg cells in malnutrition.

ABREVIATURAS

BCR: Receptor antigénico de la célula B

BFA: Brefeldina A

BN: Bien nutrida

CTLA: Antígeno linfocitario T citotóxico

CHP: Células Hematopoyéticas Pluripotenciales

CO2: Dióxido de carbono

CD: Cluster de designation

CD4+: Linfocito T CD4+ (cooperador)

CD8+: Linfocito T CD8+ (citotóxico)

DCP: Desnutrición Calórica Proteínica

DN: Desnutrida, desnutrición ver título cuadro 1

DCs: Células dendríticas

ENSANUT: Encuesta Nacional de Salud y Nutrición

Foxp3: Forkhead box protein 3

HLA: Antígeno Leucocitario Humano

IL- : Interleucina

IDO: Indolamina 2,3 dioxigenasa

IFN-γ: Interferón-γ

Ig: Inmunoglobulina

IPEX: Inmunodisregulación, poliendocrinopatía, enteropatía ligada al cromosoma X

MHC: Complejo mayor de histocompatbiliad (siglas del inglés *Major Histocompatibility Complex*)

NCHS: Centro Nacional para Estadísticas de Salud

NK: Células asesinas naturales (*Natural Killer)*

FITC: Isotiocianato de fluoresceína

OLS: Órganos Linfáticos Secundarios

OMS: Organización Mundial de la Salud

PBS: Amortiguador salino de fosfatos

RPMI: Medio Roswell Park Memorial Institute

SUIVE: Sistema Único de Información para la Vigilancia Epidemiológica

SFB: Suero Fetal Bovino

Tc: T citotóxica

Th- : T cooperadora

TGF-β: Factor de crecimiento transformante beta

Treg: célula T reguladora

TCR: Receptor antigénico de la de célula T

TNF: Factor de Necrosis Tumor

TLR: Receptores tipo Toll

Tr1: Células reguladoras tipo 1

TH3: Células T colaboradoras tipo 3

1. INTRODUCCIÓN

1.1 Marco Teórico

En países en vías de desarrollo, la desnutrición infantil está dentro de las primeras cinco causas de mortalidad y se encuentra en una estructura de variables sociales, económicas y culturales que además de ser desfavorables son, por sí mismas, factores de riesgo que alteran el desarrollo infantil (ESM.OMS, 2011).

En México, la desnutrición en menores de cinco años continúa siendo un grave problema de salud pública. A pesar de que durante décadas se han llevado a cabo diversos programas nacionales con el propósito de reducir su prevalencia.

Recientemente, se ha planteado la necesidad de vincular las acciones de educación, salud y alimentación, dirigiéndolas integralmente hacia las comunidades indígenas, zonas rurales y urbanas marginadas, particularmente, a los miembros más vulnerables de las familias pobres: los menores de cinco años, las mujeres embarazadas y en periodo de lactancia (Márquez *et al*., 2012).

La desnutrición y el estado de salud son el resultado de la interacción de muchos factores, algunos de ellos con un nivel de relación individual pero, muchos otros, relacionados directamente con las condiciones socioeconómicas en las que vivimos; por tanto, es necesario emprender y llevar a la práctica actividades multisectoriales e interrogantes centrales, no sólo en los factores individuales, sino también en los factores que se relacionan con esta problemática.

Por esto, la desnutrición infantil tiene un efecto social inmediato, elevando las posibilidades de enfermedad y muerte de los niños.

Pero además, afecta la acumulación de capital humano, que se ha demostrado como una de las vías principales para lograr que países como el nuestro pueda salir del atraso y el subdesarrollo, y que las familias en situación de pobreza puedan superar esa condición (Márquez *et al.*, 2012).

1.1.1 Conceptos de desnutrición

A través de los años se han hecho varias propuestas para definir el concepto de desnutrición en relación a sus características clínicas, metabólicas y antropométricas. La Organización Mundial de la Salud (OMS) define la desnutrición como *"El desequilibrio celular entre el suministro de nutrientes, energía y la demanda del cuerpo para que puedan garantizar el crecimiento, mantenimiento y funciones específicas"* (Salud, 2013). Mientras que la *American Society of Parenteral and Enteral Nutrition*, la define antropométricamente como *"El peso para edad o peso para la talla que se encuentre por debajo del percentil 50"* en las tablas estandarizadas de la NCHS (*del inglés National Center for Health Statistics*)/OMS, que corresponden a niños y niñas desde el nacimiento hasta los 18 años de edad (Statistics, 2013).

El Dr. Federico Gómez (1956), propone que es *"Toda pérdida anormal de peso del organismo, desde la más ligera hasta la más grave, subsiguiente a la asimilación deficiente de alimentos por el organismo, que conduce a un estado patológico con distintos grados de severidad y manifestaciones clínicas"*.

En general la **Desnutrición Calórico Proteínica (DCP),** se define como un síndrome que presentan los organismos por una disponibilidad baja de nutrientes, lo que conduce a un estado patológico con distintas escalas de gravedad y manifestaciones clínicas.

1.1.2 Clasificación de la Desnutrición

a) De acuerdo con su etiología: Dependiendo del origen de la carencia de los nutrientes; ésta se divide en tres (Salud, 2013):

- Primaria: asociada con un suministro insuficiente de alimentos y/o nutrimentos.
- Secundaria: aumentan los requerimientos energéticos y/o las necesidades de regeneración tisular, interfieren con la digestión y absorción, dificultan la utilización de los nutrientes o incrementan su excreción.
- Mixta: cuando existen factores tanto primarios como secundarios que se adicionan o potencian entre sí.

b) Clasificación por grado (Gómez, 1956):

- **Desnutrición de primer grado**: desnutrición leve o que ha actuado por poco tiempo y se tiene un déficit corporal del 10% y menos de 25% por debajo del peso normal correspondiente a la edad.

  En esta etapa no hay aumento de peso, después se detiene su crecimiento. El tejido adiposo se vuelve flácido.

- **Desnutrición de segundo grado (o moderada)**: más marcada que la anterior y el déficit de peso es mayor de 25% y menor de 40% del promedio correspondiente para la edad. Esta etapa se caracteriza por el pobre crecimiento, no suben de peso, se sienten débiles y sin fuerza. Pueden presentarse trastornos digestivos y diarrea. La piel es seca y se presentan grietas en las comisuras de la boca. Algunos de los síntomas que presentan es que se van hundiendo los ojos y los tejidos del cuerpo se debilitan, se pierde turgencia y elasticidad. Hay una alta incidencia de infecciones así como, trastornos diarreicos.

— Desnutrición de tercer grado (o grave) en ella el organismo ha agotado casi todas las reservas para su sobrevivencia, el déficit de peso es mayor del 40%.

Esta etapa se caracteriza por la exageración de todos los síntomas que se han enumerado en las dos etapas anteriores de desnutrición.

El mecanismo metabólico ha entrado en fase negativa o de desequilibrio anabólico que no permiten que se aproveche ni las cantidades mínimas para sostener la pobre actividad del organismo (Gómez, 2003).

Las ventajas de esta clasificación son la sencillez de su ejecución, la medición de un solo índice (el peso) y una sola tabla, así como el peso para la edad.

Actualmente está clasificación es muy útil para fines clínicos y de investigación.

c) **Clasificación clínica:** la suma de signos específicos que pueden incluir la desnutrición según la clasificación de Waterloo en 1972, el cual utiliza el peso, talla y la edad y los agrupa en dos índices peso/talla (P/T) y talla/edad (T/E). El P/T indica la presencia de un déficit de peso con respecto a la estatura actual (desnutrición presente o emaciación), mientras que T/E evidencia desnutrición pasada o desmedro. Mediante esta clasificación se puede saber si la desnutrición es aguda (peso bajo), desnutrición crónica (talla/edad baja), o ambas.

Este tipo de clasificación está relacionada a la desnutrición de tercer grado y las manifestaciones clínicas son (Grover *et al.*, 2009):

Marasmo: Es un grave decaimiento somático y funcional del organismo provocado por una grave deficiencia de proteínas y de calorías. El síntoma visible que se presenta es el adelgazamiento exagerado.

La falta de un aporte de proteínas y calorías en la infancia tiene consecuencias graves, pues las proteínas constituyen el principal componente estructural del cuerpo, y son necesarias para la síntesis de anticuerpos contra las infecciones y de enzimas, de las que dependen todos los procesos bioquímicos. La carencia de proteínas impide el crecimiento y aumenta considerablemente el riesgo de infecciones. Una carencia de calorías significa que las necesidades energéticas del cuerpo no pueden ser satisfechas, esas circunstancias, unida a la escasez de enzimas, afecta a todos los procesos corporales, incluyendo el metabolismo y el crecimiento, provocando retraso tanto físico como mental.

Kwashiorkor: se presenta cuando la dieta es deficiente en proteínas y se trata de suplir la necesidad de energía mediante la ingesta abundante de alimentos ricos en carbohidratos. Si la carencia de proteínas y calorías es grave, el resultado es un marasmo grave o desnutrición. El aspecto de un niño con Kwahiorkor es inconfundible, la característica más llamativa es el abdomen prominente, debido a una acumulación anormal de líquido, trastorno conocido como edema. La presencia de proteínas en sangre es tan baja que no pueden retener agua mediante el proceso osmótico normal, de modo que el líquido se acumula en los tejidos acumulándose. Debajo del edema los músculos del niño están debilitados, ya que sus proteínas se utilizan en un intento de cubrir las necesidades energéticas del organismo. El resultado es una debilidad extrema, la protrusión del abdomen se debe a la combinación de retención de líquidos, músculos atrofiados y aumento de tamaño del hígado.

Esta enfermedad es menos visible que el tipo marasmo, ya que en ésta el niño presenta abdomen abultado y por lo que refleja, se puede llegar a creer que el niño se está alimentando bien.

1.1.3 Prevalencia

En México la prevalencia de desnutrición es variable según se analice el peso para la edad, la talla baja para la edad o peso bajo para la talla (emaciación), así como a la región del país estudiada.

A partir de los años ochenta, México realizó pocas encuestas nacionales específicas sobre nutrición (Rivera *et al.*, 2000).

Datos reportados en el año 2010 por el Sistema Único de Información para la Vigilancia Epidemiológica (SUIVE) indican que en todo el país se presentaron 806 mil 934 casos de desnutrición infantil. Los estados de Guerrero, Yucatán, Puebla, Oaxaca y Chiapas presentaron una prevalencia de desnutrición moderada y grave superior al 20%, mientras que Tamaulipas, Sinaloa, Jalisco, Durango, Coahuila, Baja California y Sonora, fue inferior a 8%.

En la figura 1 se observa la distribución de la población menor de 5 años que presenta desnutrición, la cual indica que los niños y niñas con esta condición en lugar de disminuir va en aumento, debido a que los estudios reportan que para el año 2020 el nivel de prevalencia aumentara considerablemente (RIMISP, 2013).

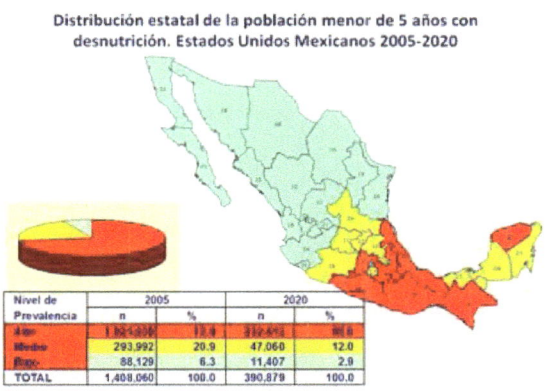

Figura 1. Distribución por estado de la población menor de 5 años con
Infantil en México. (Tomada de http://www.rimisp.org)

Los últimos datos actualizados de la Encuesta Nacional de Salud y Nutrición
(ENSANUT) 2012 (figura 2), reportaron que en todo el país el 2.8 % de los
menores de cinco años presentaron bajo peso, 13.6%, baja talla y 1.6 desnutrición
aguda (emaciación),(SSA, 2012).

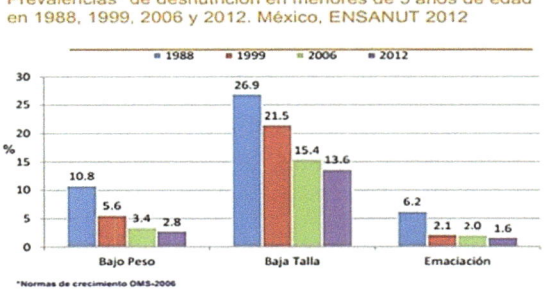

Figura 2. Prevalencia de desnutrición infantil de México en distintos años.

15

Al estar presente la desnutrición en los estados más pobres del país, hace patente su asociación a la pobreza y al sinergismo desnutrición-infecciones, repercutiendo directamente sobre el desarrollo físico e intelectual de los niños.

En la figura 3 se muestra el principal factor de desnutrición y como afecta en general a los niños.

Figura 3. Causa y consecuencias de la desnutrición infantil.

1.1.4 Biología del Sistema Inmunológico

El sistema inmunológico se divide en dos; **innato** y **adaptativo** ambos tienen un conjunto de elementos, tanto séricos como celulares. El sistema inmunológico innato, forman la primera línea de defensa contra agentes agresores fisicoquímicos, mecánicos o microbiológicos.

Además activa al sistema inmunológico adaptativo. La inmunidad adaptativa es responsabilidad de los linfocitos, considerados como células principales del sistema inmunológico. La diferencia del sistema inmunológico innato con el adaptativo es la capacidad de este último para generar memoria inmunitaria y especificidad (Sutton *et al.*, 2009). Ambos sistemas no son independientes, ni actúan de forma descoordinada, sino que actúan de forma secuencial, comunicándose entre sí a través de una serie de moléculas solubles conocidas como citocinas (Abbas y Lichtman, 2012).

En las últimas décadas se ha ampliado el conocimiento de los factores y mecanismos que provocan alteraciones del sistema inmunológico. La creciente investigación en el área de la regulación inmunológica ha permitido describir los mecanismos inmunológicos que involucran a los factores solubles (humorales) y a las células de origen hematopoyético con actividad inmunomoduladora (Puig *et al.*, 2002).

1.1.5 Desarrollo del Sistema Inmunológico

Comienza durante la gestación pero no está completo hasta el nacimiento. La maduración y la expansión del sistema inmunológico comienzan tempranamente, aunque sigue evolucionando durante los primeros años de vida (Rollinghoff, 1997). La inmunidad específica se desarrolla en la vida fetal, entre la 4ª y 8ª semana de gestación, con la aparición de las primeras células madre hematopoyéticas que dan lugar a las líneas celulares de linfocitos y mielomonocitos (Rollinghoff, 1997).

La formación y maduración de las células sanguíneas, entre ellas las responsables del sistema inmunológico, tiene lugar en la médula ósea, el timo, el bazo, los ganglios linfáticos y las amígdalas conformando el sistema linfoide que ocupan en etapas progresivas del desarrollo

Las células T, responsables de los mecanismos de defensa celular se detectan por primera vez a las 12 semanas y parece que adquieren su capacidad funcional a las 16 semanas (Rollinghoff, 1997).

Los linfocitos B, responsables de la inmunidad humoral, se pueden identificar en el hígado fetal a las 8 semanas y son funcionales a las 12-13 semanas, con la posibilidad de producir anticuerpos IgM específicos (Regueiro *et al.*, 2011).

En los estudios de la actividad inmunológica, las respuestas tanto *in vivo* como *in vitro* de los neonatos son diferentes a las del adulto (Panaro *et al.,* 1991), pues los neonatos tienen todavía incompleto los componentes de la inmunidad inespecífica como son células NK, la capacidad quimiotáctica de los polimorfonucleares y macrófagos, así como el sistema de complemento.

1.1.6 Órganos del sistema inmunológico

Los órganos y tejidos primarios o centrales son la médula ósea y el timo, estos son los encargados de la linfopoyesis. La médula ósea produce los precursores de todos los tipos celulares del sistema inmunológico, y es además, donde maduran los linfocitos B. En el timo, los precursores de los linfocitos T tienen diversos procesos de selección, y una vez maduros migran desde allí a los órganos linfoides secundarios o periféricos como se muestra en la figura 4, (Regueiro, *et al.,* 2011).

18

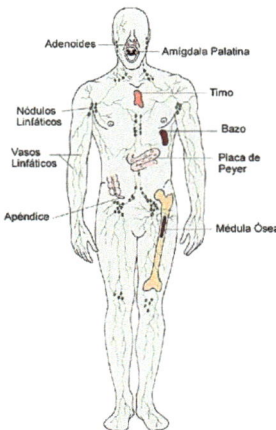

Figura 4. Órganos del Sistema Inmunológico. (Tomada de
biomedicinajove.blogspot.mx)

1.1.7 Células del Sistema Inmunológico

- **Linfocitos**

Son las células inmunocompetentes y responden con especificidad y memoria
frente a un estímulo antigénico. Al igual que las demás células hemáticas,
proceden de una célula hematopoyética pluripotencial, de la que derivan los
progenitores de la serie mieloide-eritroide y los progenitores de la serie linfoide
que, además de reproducirse a sí mismas, pueden completar su diferenciación
hasta las distintas células hemáticas maduras, bajo la influencia de los distintos
inductores de diferenciación (Abbas y Lichtman, 2012).

- **Linfocitos T**

Los linfocitos T, se diferencian y maduran en el timo donde pasan a la periferia a través de la circulación sanguínea. Son responsables de las respuestas inmunológicas mediadas por células, como el rechazo de injertos, de la respuesta proliferativa *in vitro* frente a las células alogénicas y de las reacciones de hipersensibilidad retardada. A lo largo de su diferenciación, los timocitos van modificando determinadas estructuras en su superficie, que se pueden reconocer con anticuerpos monoclonales y que han sido llamados antígenos de diferenciación. Se ha adoptado una nomenclatura internacional para estos antígenos, que son llamados con las siglas CD (cluster of differentiation; grupos de diferenciación) (Abbas y Lichtman, 2012). Hay dos grandes grupos de linfocitos T, los cooperadores (Th) que expresan en su membrana la molécula CD4, y los citotóxicos (Tc) que expresan CD8. Estos dos subtipos celulares (CD4+ y CD8+) difieren en su manera de reconocer péptidos presentados por moléculas de histocompatibilidad, los linfocitos T CD4+ reconocen moléculas de clase II para los CD4+, y los linfocitos T CD8+ sólo lo hacen en moléculas de clase I (Regueiro *et al.*, 2011).

1.1.8 Tráfico linfocitario

El sistema inmunológico consiste de numerosos órganos y tejidos, distantes unos de otros. No obstante, funciona como una entidad única (figura 5). La razón primordial de esto, es que sus principales constituyentes, los linfocitos, son intrínsecamente móviles y recirculan de manera continua entre la sangre, los órganos linfáticos secundarios (OLS) y la linfa. Los linfocitos no ocupan posiciones estáticas, sino que recirculan según patrones de tráfico definidos, que incrementan la probabilidad de encontrarse con antígenos específicos. Los linfocitos vírgenes, una vez maduros, pasan a la circulación sanguínea, para luego extravasarse en los órganos linfáticos secundarios (Faiboim, 2005).

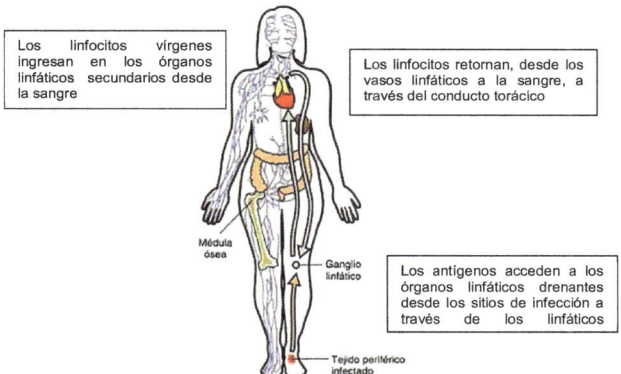

Figura 5. Tráfico de linfocitos T vírgenes
(Modificada de Fainboim L., pp. 289)

1.1.9 Función del sistema inmunológico

El sistema inmunológico tiene como función protegernos de las infecciones respetando nuestros propios tejidos, para lo cual lleva a cabo una serie de mecanismos que constituyen la respuesta inmunológica. Esta respuesta puede dividirse en tres fases: a) el reconocimiento de lo extraño; b) la activación (y regulación de dicha activación); y c) la fase efectora para la destrucción del antígeno, lo que genera un proceso de inflamación (Regueiro *et al.*, 2011).

Para cumplir la función que tiene el sistema inmunológico, es fundamental controlar la duración y la intensidad de su propia respuesta para evitar reacciones contra sus propias estructuras, esto es, que genere autotolerancia, así como, no dañar las células y tejidos propios en respuesta a los antígenos extraños (autorregulación), (Regueiro *et al.,* 2011).

El sistema inmunológico consume la mayor parte de la energía en estos mecanismos de control, que sí fracasan, conducen a la enfermedad, como es el caso de la autoinmunidad. Es por esto, que el funcionamiento del sistema inmunológico se ha establecido como un buen marcador del estado de la salud de cada individuo. (Águilera *et al.*, 2011).

1.1.10 Alteraciones del Sistema Inmunológico en la desnutrición

Hace ya tiempo, investigadores se dieron cuenta de que, en el contexto de la inmunodeficiencia asociada a la desnutrición, el timo pasa por una serie de alteraciones que incluyen, entre otras, atrofia grave (Chandra, 1992).

El timo es una glándula donde se desarrollan los linfocitos T, es un blanco de la desnutrición calórico-proteínica. Se desencadena atrofia tímica , como resultado de una apoptosis masiva de timocitos (afecta especialmente a la subpoblación de células CD4+CD8+ inmaduras) y una disminución de la proliferación celular (Prentice, 1999).

Es por esto que la desnutrición tiene impacto en la salud a largo plazo. Se han observado que no sólo grandes sino pequeñas variaciones en pérdida de peso pueden influir en la función inmunológica, por lo que la desnutrición incrementa la susceptibilidad a infecciones.

Se ha establecido que la DCP altera la integridad tisular de la piel y las mucosas que constituyen la primera barrera de defensa. No sólo altera la permeabilidad de estas estructuras sino que se reduce la secreción de las mucosas. Pcr lo que, también se disminuye la secreción de IgA y algunas mucosas pierden los cilios, como por ejemplo, en la mucosa respiratoria (Scrimshaw, 1964). En el año de 1937 Vint describió atrofia del timo en niños que fallecieron por desnutrición y esta observación fue confirmada posteriormente por otros autores.

A partir de estos hechos, muchos investigadores empezaron a deducir que la gravedad de las infecciones en los sujetos desnutridos podría explicarse por una alteración de las células T y se dedicaron a estudiar el comportamiento de la respuesta inmunológica celular.

Las alteraciones en la respuesta inmunológica que se han visto a lo largo de los años en varios estudios, cuyos resultados relevantes se resumen en el siguiente cuadro:

Cuadro 1. Alteraciones en la respuesta inmunológica de la Desnutrición

Tipo de inmunidad	Alteración	Autor y año
Innata	-Alteración de la función presentadora del antígeno por - macrófagos -Disminución de la producción de citocinas por macrófagos -Alteración del sistema del complemento	(Chandra, 2004)
Celular	-Atrofia del timo	(Vint, 1937)
	-Depleción parcial o completa de los linfocitos de la zona cortical -Cambios histológicos en nódulos linfáticos y en el bazo. -El número de células de los tejidos linfoides de la mucosa del tracto gastrointestinal y respiratorio disminuido	(Smythe, Brereton-Stiles *et al.*, 1971) (Savino, 2004) (Chandra, 1982)
	-Disminución en la proporción de linfocitos T, reducción en las células TCD4+, aumento en las células CD8+	(Lal *et al.*,1980) (Ortiz y Rodríguez *et al.*, 2008)
	-Producción de células T y función disminuida en proporción a la severidad de la desnutrición	(Nájera *et al.*, 2004)
	-Alteración de la síntesis de citocinas y capacidad de activación en linfocitos T	(Rodríguez *et al.*, 2005)
Humoral	No parece afectarse en la desnutrición, los linfocitos B aparentemente son los menos afectados, se mantienen conservados los centros germinales ricos en linfocitos B. Sin embargo, en niños desnutridos se ha demostrado disminución en la proporción de linfocitos B en sangre periférica	(Keusch, 1993) (Nájera *et al.*, 2001)

El sitio de interacción, así como el tipo de patógeno puede determinar qué tipo de respuesta inmunológica se procederá activar. Por consiguiente, el estado nutricional del huésped determina críticamente el resultado de la infección (Schaible y Kaufmann, 2007).

Por esto, en la desnutrición ninguna función se puede considerar fisiológicamente adecuada, ya que ante una privación nutricional desarrollada paulatinamente, se amplían una serie de adaptaciones fisiológicas y metabólicas que tienen como objetivo la sobrevivencia del individuo, visiblemente la severidad de la privación nutricional, se puede volver aguda y sobrepasar la capacidad adaptativa, produciéndose la enfermedad y finalmente la muerte (Karp y Koch 2006).

Así pues, cuando un niño se encuentra en situación de déficit nutricional se muestra triste, apático, irritable, desinteresado tanto para realizar su actividad fundamental; el juego, así como para demandar y establecer vínculos afectivos y/o sociales con las personas (debilitamiento en el compromiso afectivo), ya que resguarda las pocas energías de su organismo para el mantenimiento de sus funciones vitales básicas (respiración, eliminación), (Cravioto y Arrieta, 1995).

1.1.11 Regulación de la Respuesta Inmunológica

Para el sistema inmunológico es importante generar una buena respuesta capaz de eliminar los agentes infecciosos y las células malignizadas, pero también es importante anular esa respuesta una vez que ha cumplido su misión. De no conseguir eso tendríamos un proceso inflamatorio crónico que podría conducir a una patología e incluso la muerte del organismo (Sakaguchi *et al.*, 2006).

Una de las poblaciones de células T que nos ayudan a contribuir en este equilibrio y establecer el control de la respuesta inmunológica, son las células T reguladoras (Treg). Durante la infección por patógenos estas células reducen la magnitud de la respuesta efectora, lo cual limita la respuesta inmunológica. Los linfocitos T reguladores constituyen un grupo particular de linfocitos TCD4+, que desempeñan un papel fundamental en el mantenimiento de la tolerancia a antígenos propios, evitan la aparición de enfermedades autoinmunes, controlan el desarrollo de una respuesta exagerada frente a agentes patógenos o frente a distintos alérgenos y ayudan a disminuir el estímulo masivo proinflamatorio de las infecciones y favorecen el escape de las células tumorales al control inmunológico (Sakaguchi *et al.*, 2006; Yamaguchi, 2006; Sakaguchi *et al*, 2008, Belkaid, 2009).

Las poblaciones celulares que son suprimidas por estos linfocitos T reguladores incluyen linfocitos TCD4+ efectores, linfocitos TCD8+, células dendríticas, monocitos (macrófagos), linfocitos B y células natural killer (NK) (Kim, 2006; Ziegler, 2006).

Se han identificado dos tipos diferentes de células reguladoras (Sakaguchi *et al.*, 2006):

1. Células T reguladoras naturales que se originan en timo, expresan el fenotipo CD4+CD25+ y el represor transcripcional Foxp3 (*forkhead box p3*).

2. Células T reguladoras inducibles, se originan en la periferia a partir de linfocitos T vírgenes después de exponerse al antígeno. Incluyen las células Tr tipo I y las células Th3 (Abbas, 20012).

a) Células CD4+CD25+ Treg

Estas células fueron descritas en 1995 por Sakaguchi *et al.*, quienes demostraron que una subpoblación de linfocitos CD4+ expresan en forma constitutiva la cadena α del receptor de alta afinidad de la IL-2 (CD25) y podían inhibir *in vivo* a células T autorrectivas. La función de IL-2 es la de inducir una señal esencial para la generación de células Treg.

En sangre periférica las células Treg naturales representan del 2 al 8% (las estimaciones varían ± 1) de la población de células T CD4+ en sangre periférica de seres humanos adultos y ratones sanos (Shevach, 2002; Maloy, 2001). Desempeñan su función en la fisiología del sistema inmunológico y en el mantenimiento de la tolerancia a lo propio. Su disminución se asocia con la inducción de autoinmunidad, al eliminar el principal mecanismo de control en la periferia de los clones T autorreactivos (Chung *et al.*, 2003).

b) **Papel del gen Foxp3 en el desarrollo y la función de las células CD4+ CD25+**

Bajo la denominación de FOX se designan los factores de transcripción con dominio "*forkhead*" en los vertebrados, clasificados con base en su estructura y se encuentran en diferentes células. Los factores de transcripción FOX con acción en el sistema inmunológico son FOXJ1, FOXN1, FOXO3A y FOXP3. Foxp3 pertenece a la subfamilia Foxp, que incluye a Foxp1, Foxp2, Foxp3 y Foxp4. Foxp1 ha sido implicado como un gen supresor de tumores, puesto que la pérdida de su función se asocia a trastornos linfoproliferativos, cáncer de pulmón, mama y estómago. Foxp2 ha sido implicado en trastornos del lenguaje y en el desarrollo neuronal, Foxp3 en la generación y función de las células reguladoras CD4+CD25+ y Foxp4 se ha asociado al desarrollo de la corteza cerebral anterior en modelos murinos (González *et al.*, 2010).

c) Mecanismos de acción de las células CD4+ CD25+

Las células T CD4+ CD25+ inhiben la activación, expansión y producción de citocinas por células Th1, Th2 y TCD8+ citotóxicas. Un aspecto que aún no ha sido definido es la naturaleza de los mecanismos por los cuales las células Treg CD4+ CD25+ median su actividad supresora (O´Garra, 2004).

En la figura 6 se ilustran los mecanismos de acción de estas células, dentro de los principales se encuentran (Bopp, 2007):

a) Supresión de la acción de las células T efectoras a través de citocinas supresoras, particularmente, IL-10 y TGF-β.

b) Citólisis, de la célula T efectora por medio de la vía de las granzimas-perforinas, que producen la activación de la vía de las caspasas y lisis osmótica, respectivamente, provocando la muerte de la célula diana.

c) Supresión metabólica, mediada por las moléculas de superficie CD39 y CD73 de las células Treg, que a partir del ATP y ADP facilitan la producción de adenosina que se une a receptores de las células T efectoras e inhiben su proliferación y la formación de citocinas proinflamatorias

d) Inhibición de las células presentadoras de antígeno (APC) a través de la unión del TCR (Treg) con las moléculas del MHC II y por la interacción entre el receptor inhibitorio CTLA-4 de las Treg con los receptores CD80/CD86 de las APC. A través de este mecanismo también se induce una respuesta negativa que inhibe la maduración y funcionalidad de las células presentadoras de antígeno (APC), y de igual manera, se secreta la Indolamina 2,3-dioxigenasa (IDO) (Limón *et al.*, 2013).

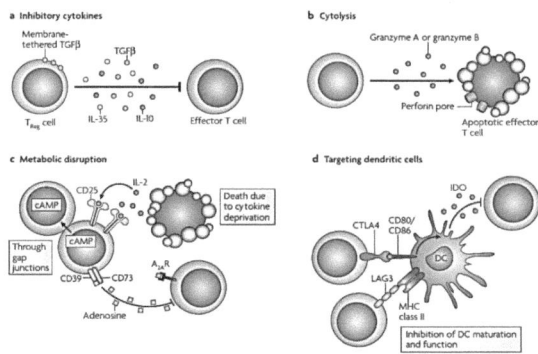

Figura 6. Posibles mecanismos de supresión de células efectoras mediados por células Treg. (Imagen tomada de Vidnali, 2008).

La evidencia acumulada en los últimos años sugiere que la citólisis constituye el soporte básico de la actividad inmunosupresora mediada por las células Treg CD4+ CD25+ (Limón *et al.*, 2013).

e) Las células Tr1 inducibles productoras de IL-10

Las células Tr1 se describieron hace más de 7 años y se demostró que median un efecto inhibidor sobre la activación, expansión y producción de citocinas por células Th1, Th2 y CD8+ citotóxicas. Adquieren su perfil supresor luego de activarse por el antígeno en los órganos linfáticos secundarios. Parecen desempeñar un papel importante tanto en el silenciamiento de clones T autorreactivos presentes en la periferia como en el control de la respuesta inmune antimicrobiana y antitumoral. Estas células producen IL-10 y también TGF-βy no producen IL-12 (Fehervary, 2004).

f) Las células Tr3 inducibles productoras de TGF-β

Se ha descrito otra subpoblación de células T que producen TGF-β, se clonaron células T CD4+ que produjeron un patrón de citocinas diferente al de las células Th1 y Th2 conocidas hasta el momento, las cuales producen TGF-β en mayor proporción que IL-10, pero no producen IL- 4 a la cual denominaron subpoblación CD4+ de células T regulatorias 3 (Th3 o Tr3), (Groux *et al.*,1997).

2. ANTECEDENTES

En el laboratorio de Biología Celular y Citometría de Flujo de la Universidad Autónoma Metropolitana Iztapalapa se estudian los efectos producidos por la desnutrición en los niveles bioquímico, celular, citogenético e inmunológico, tanto en humanos como en modelos experimentales (Ortiz *et al.*, 1999; Betancourt, 1991). Entre otras, se estudian las células del sistema inmunológico, dado el efecto de la desnutrición sobre éste, debido a que es un importante factor de riesgo que predispone a las infecciones graves y que pueden conducir a la muerte. Con base a estos hechos se realizaron estudios relacionados con la producción de citocinas en los niños desnutridos, en los cuales se encontraron alteraciones en la capacidad de producción de algunas de ellas (González *et al.*, 1997). Los autores observaron que los linfocitos de sangre periférica de niños desnutridos fueron incapaces de secretar cantidades normales de citocinas, hecho que puede estar relacionado con las alteraciones observadas de la respuesta inmunológica de estos niños. Del mismo modo, se ha demostrado que los niños con desnutrición presentan una menor proporción de células de memoria (CD45RO^{+}) que los niños bien nutridos con el mismo tipo de infecciones (Nájera *et al.*, 2001). Esta disminución de células de memoria se podría asociar a la baja producción de IL-2 por la células T (Chalmers *et al*,.1998).

Posteriormente, Rodríguez *et al.*, (2005) realizaron un estudio en el que encontraron una disminución significativa en la producción de IL-2 e IFN-γ por células CD4+ y CD8+ en células de niños desnutridos, lo que puede ser un factor importante relacionado con el aumento de la susceptibilidad a las infecciones observadas en los niños desnutridos. También observaron un aumento importante en los porcentajes de células CD4+ y CD8+ que expresan IL-10 en estos niños. La IL-10 es considerada como un factor supresor de las respuestas tipo 1 (Moore *et al.*, 2001), que tiene un efecto directo sobre células T CD4 + debido a que suprime la secreción de IL-2 e IFN-γ (Taga *et al.*, 1993).

Las células T reguladoras limitan la magnitud de la respuesta inmunológica contra patógenos lo cual puede provocar una respuesta fallida a la infección, pero también pueden ayudar a limitar el daño tisular causado por respuestas inmunológicas intensas contra patógenos (Belkaid y Rouse, 2005).

En ciertas enfermedades autoinmunes como la artritis reumatoide y diversas alergias las células Treg se encuentran aumentadas, algunos autores han planteado que el mecanismo del desequilibrio del sistema inmunológico que acaba en el deterioro del sistema inmunológico puede ser un aumento anormal del número de células Treg (Siachoque, 2011).

3. JUSTIFICACIÓN

Los niños que sufren privación nutricional son susceptibles a presentar enfermedades infecciosas cuyas alteraciones son más grave que en otros niños. En la medida que el nivel de la desnutrición es mayor, también aumenta el riesgo a las infecciones y, a su vez una situación infecciosa se agrava y se complica actuando ambas sinérgicamente. Esta mayor incidencia de infecciones es consecuencia en gran medida de una depresión severa en el sistema inmunológico y aunque existen varios estudios que sustentan el efecto de la desnutrición sobre la función inmunológica, todavía no se han establecido con claridad los posibles mecanismos, los cuales los organismos desnutridos muestran una respuesta inmunológica ineficaz ante las infecciones.

Con base en lo anterior el propósito de este estudio fue evaluar el porcentaje de las subpoblaciones de células T reguladoras, y establecer en parte su responsabilidad como una de las posibles causas, por la que los organismos desnutridos presentan una ineficaz respuesta inmunológica. Esto permitirá aportar nuevos conocimientos con base en las funciones de las células T reguladoras sobre la desnutrición.

4. HIPÓTESIS, OBJETIVOS

4. HIPÓTESIS

Si las células T reguladoras (Treg) suprimen la proliferación y/o la función de diversas células del sistema inmunológico, entonces un incremento de las células Treg podría ser una de las posibles causas de la respuesta inmunológica ineficaz observada en la desnutrición.

5. OBJETIVO GENERAL

Determinar la proporción de las subpoblaciones de células T reguladoras en timo y sangre periférica de ratas desnutridas durante la lactancia, así como la relación de la producción de IL-10 en timo y bazo.

6. OBJETIVOS PARTICULARES

1. Evaluar el porcentaje de las células T reguladoras CD4+/CD25+/Foxp3+ en timo de ratas bien nutridas y desnutridas durante la lactancia.

2. Medir el porcentaje de las células T reguladoras, CD4+/CD25+/Foxp3+ en sangre periférica de ratas bien nutridas y desnutridas durante la lactancia.

3. Estimar la producción de IL-10 intracelular en timo y bazo de ratas bien nutridas y desnutridas durante la lactancia.

4. Comparar el porcentaje de células T reguladoras en sangre y timo de ratas desnutridas y bien nutridas durante la lactancia.

5. Comparar la producción de IL-10 intracelular en timo y bazo de ratas desnutridas y bien nutridas durante la lactancia.

7. MATERIALES Y MÉTODOS

7.1 Modelo de Estudio (ratas)

Se trabajó con un modelo animal del cual se formaron dos grupos de estudio integrados por 17 ratas, uno de ratas bien nutridas y otro de ratas desnutridas. Del grupo de ratas desnutridas se utilizaron 13 ratas para la detección de las células T reguladoras y 4 para la producción de IL 10. Las ratas pertenecían a la cepa *Wistar* siguiendo los criterios de la NOM-062-ZOO-1999, las cuales fueron mantenidas en condiciones controladas, con un ciclo de luz/oscuridad de 12/12 horas y las nodrizas fueron alimentadas con alimento balanceado para roedores PMI 5008.

7.2 Desnutrición experimental

La desnutrición fue inducida por el método de competencia de alimento durante la lactancia (Ortiz *et al*, 1996). Las ratas, al día siguiente de su nacimiento, se distribuyeron en dos lotes: lote experimental (DN), en el que se colocaron 16 crías con una nodriza, y lote testigo (BN), en el que se colocaron una nodriza con seis crías. Las crías fueron pesadas cada tercer día, desde el día 1 hasta la edad de 21 días, que correspondió al período de destete.

Después de la inducción de la desnutrición durante la lactancia, se identificó el grado de desnutrición en las ratas al destete, los animales se agruparon de acuerdo al déficit de peso con respecto a las bien nutridas:

- o Primer grado o leve: son las que presentan un déficit mayor al 10% y menor al 25%
- o Segundo grado o moderada: son las que presentan un déficit mayor al 25% y menor del 40%.

o Tercer grado o grave: son las que presentan un déficit del 40% o mayor.

Se seleccionaron a las ratas bien nutridas y las desnutridas de segundo y tercer grado de desnutrición. Siempre se trabajó con una rata DN y su control BN para la obtención de sangre y de timo, que se sacrificaron por dislocación cervical siguiendo la norma "NOM-062-ZOO-1999" incisos 9.2.2.2,9.2.3.7 y 9.3.1.

7.3 Evaluación de células T reguladoras

a) **Extracción de sangre**

Se extrajo por punción cardiaca sangre con una jeringa heparinizada, con la finalidad de aislar linfocitos en gradiente de Ficoll-Paque, una vez aislados se colocaron 100 µL de una suspensión celular que contenían 1×10^6 células en un tubo Falcon.

b) **Marcaje de las células**

- En el tubo Falcon conteniendo a los linfocitos, se añadieron 5µL de cada uno de los siguientes anticuerpos: anti-CD4Cy-5, anti-CD25 FITC, se dejaron incubando por 20 minutos a temperatura ambiente en oscuridad.

- Después de transcurrido el tiempo, se adicionó 1 mL de solución de lisis 1x, se agitó e incubó por 10 minutos a temperatura ambiente en oscuridad, posteriormente se agregaron 2 mL de solución amortiguadora de fosfatos (PBS)-albúmina al 0.5% y las muestras se centrifugaron 375 x g por 5 minutos, al final se desechó el sobrenadante. Posteriormente, se adicionaron 0.5mL de solución permeabilizadora 1x y se incubó en oscuridad durante 10 minutos a temperatura ambiente. Transcurrido este período, se adicionaron 2 mL de PBS-albúmina al 0.5% para después centrifugar las muestras a 375 x g por 5 minutos.

- Se retiró el sobrenadante. A cada tubo se colocaron 2mL de solución de tinción, se centrifugaron las muestras a 375 x g por 5 minutos, se desechó el sobrenadante. Luego se lavaron las muestras con 1 mL de Foxp3Wash perm 1x y se centrifugó a 375 x g por 5 minutos. Se retiró el sobrenadante y se volvió a adicionar 1 mL de Foxp3Wash perm 1x y se incubo por 15 minutos a temperatura ambiente en oscuridad. Transcurrido el tiempo, se centrifugó a 375 x g por 5 minutos, se desechó el sobrenadante y se adicionaron 100 µL Foxp3Wash perm 1x, se resuspendió perfectamente y se colocaron 5 µL del anticuerpo anti-Foxp3 PE, se mezcló y dejó en incubación por 30 minutos a temperatura ambiente en oscuridad.

- Una vez terminada la incubación se realizaron dos lavados con 2mL de buffer de tinción 1x y por último las células se fijaron en 0.5 mL de solución de tinción 1x y se guardaron en refrigeración. Posteriormente, las muestras se analizaron en el citómetro de flujo FACScalibur, utilizando el programa para adquisición Cell Quest.

c) Conteo Celular y Viabilidad

El conteo de leucocitos se realizó en cámara de Neubauer para conocer el número de células presentes en la suspensión celular (número de leucocitos totales/mL de la muestra). Se tomaron 10µL de la suspensión de células y se añadieron 190µL de ácido acético al 2% (dilución 1:20).

Las células se mezclaron con cuidado para asegurar la disgregación correcta y que la suspensión fuera homogénea. Se añadió una gota de la solución diluida de células a la cámara Neubauer y se dejó reposar 10 minutos en cámara húmeda. Posteriormente se colocó la cámara sobre la platina del microscopio y se utilizó el objetivo 10X para ubicar el cuadrado central de la cámara y se realizó el recuento utilizando el objetivo 40X. Se contaron los leucocitos en los cuatro cuadrantes de las esquinas. El número de células se obtuvo de la siguiente manera:

Número de células (mL) = media del conteo * 10^4 (factor de conversión)* dilución

Media del conteo de los cuatro cuadrantes x 10^4 x 20= número de células/mL

La **viabilidad** se determinó mediante la tinción con Azul Tripano, este es un colorante de exclusión que es capaz de atravesar la membrana plasmática de las células que tienen alterada la permeabilidad. Por lo que, una célula muerta se observó azul, mientras que la célula en perfecto estado se observó incolora y birrefringente.

En un tubo Eppendorf se colocaron 800µL de PBS, 10 µL del colorante azul Tripano y 100 µL de la suspensión celular, se mezcló cuidadosamente con pipeta, evitando hacer burbujas y se dejó reposar un minuto.

La viabilidad se obtuvo de la siguiente manera:

Células incoloras/ células totales (muertas y vivas) x 100 = % viabilidad

a) <u>**Extracción de timo**</u>

Después de sacrificar a la rata por dislocación cervical, el timo se disecó y se colocó en una caja de Petri con 2mL de PBS, el tejido se disgregó mecánicamente con ayuda de una malla de plástico y un pistilo de vidrio. Se recuperaron las células centrifugándolas a 500 x g por / 5 minutos, se desechó el sobrenadante y se resuspendieron las células en 1mL de albúmina al 0.5% en PBS para su marcaje.

b) Marcaje de las células

La metodología es la misma anteriormente descrita para sangre de rata.

c) Conteo Celular y Viabilidad

Se realizó conteo y viabilidad celular de la manera antes descrita.

d) Caracterización de las células Treg por Citometría de Flujo

Se adquirieron 10,000 eventos de cada una de las muestras, utilizando el citómetro de flujo modelo FACScalibur (Becton-Dickinson, E.U.A.) y el software CELL Quest (figura 7).

Los resultados se analizaron empleando el software CELL Quest, con el que se desplegaron gráficas de puntos (*dot plot*), se eligió la región de análisis como sugirió (Law, 2009). A partir de ahí se detectaron las células positivas para cada uno de los marcadores. Los datos fueron analizados con el programa Flowing 2.5.1.

Figura 7. Citómetro de Flujo FACScalibur (Becton Dickinson)

43

7.4 Análisis de la subpoblación de células Treg en timo y sangre

a) Selección de la región de análisis para timo y sangre

Se graficó el parámetro de dispersión frontal (*Side Scatter*: SSC) contra el marcador de superficie CD4, para identificar a los linfocitos en cuestión de su funcionalidad. (Figura 8). Posteriormente, identificada la población de linfocitos, se graficó la señal emitida por el marcador CD4 contra CD25, de aquí se tomó la región más positiva a CD25. Para la determinación de las células Treg se graficó la señal de CD25^{alto} contra la señal emitida por Foxp3. Se analizó la población de células Treg y se elaboraron gráficas de puntos de donde se obtuvieron los porcentajes de la población de células Treg de timo y sangre tanto en ratas BN como DN

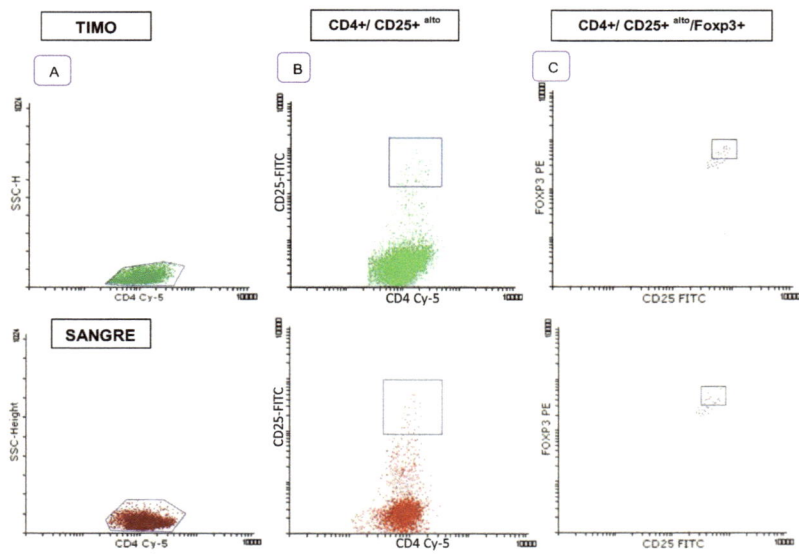

Figura 8. Gráficas y regiones de puntos para la identificación de células Treg en timo y sangre respectivamente. Se utilizaron 13 ratas para cada grupo de estudio y se analizaron con base en la expresión de CD4+, CD25+^{alto} y Foxp3+ determinada por citometría de flujo con anticuerpos monoclonales contra estas moléculas (CD4-PECy5, CD25-FITC, Foxp3 PE). **A)**: Región de Linfocitos T. **B)**: Región de células CD4+ y CD25+^{alto}. **C)**: Región de células T reguladoras para obtener los porcentajes correspondientes. En la figuras se pueden observar las células Treg con fenotipo Foxp3+/CD25+^{alto}.

7.5 Producción de IL-10 Intracelular

a) Extracción de timo y bazo

Todo el procedimiento se realizó en condiciones asépticas, como se señaló previamente.

b) Preparación de los medios de cultivos

Se prepararon medios de cultivo para la suspensión de células de timo y bazo. Se tomaron 6mL de medio RPMI que contenía 10% de suero fetal bovino (SFB). Se colocaron alrededor de 10×10^6 células/mL en cada medio de cultivo.

Para cada órgano se prepararon dos tubos de la siguiente manera: (1) Muestra activada, 1mL de medio RPMI con el 10% de SFB más 20 µL de Brefeldina A (BFA) (2) Muestra en Reposo, 1mL de medio RPMI con el 10% de SFB sin BFA.

Se Incubaron los tubos durante 4 horas a 37° C en una incubadora con CO_2.

c) Marcaje de las células

A partir de aquí las condiciones asépticas ya no fueron necesarias.

Transcurrido el período de incubación se colocaron en tubos Falcon 100 µL de cada uno de los dos tubos en cultivo (activado y en reposo). Se adicionaron 5 µL de anti-CD4 APC y anti-CD25 FITC.

Transcurridos los 20 min de incubación se adicionaron 2 mL de solución de lavado (albúmina al 0.5% en PBS), se centrifugaron a 375 x g durante 5 min, se desechó el sobrenadante y se agregaron 500 µL de solución permeabilizante FACS 1x. Se mezclaron bien e incubaron durante 10 min a temperatura ambiente en oscuridad. Después de este tiempo, se agregaron 2 mL de solución de PBS-albúmina al 0.5% y se centrifugaron durante 5 min a 375 x g. Posteriormente, se adicionó 1mL de Foxp3Wash perm buffer 1x a cada tubo y se centrifugó nuevamente en las mismas condiciones. Seguido a esto, se adicionaron 100 µL de Foxp3Wash perm Buffer 1x a cada tubo y se resuspendieron muy bien e inmediatamente se adicionaron 10 µL del anticuerpo anti-IL-10 PE, se mezclaron bien e incubaron por 30 min a temperatura ambiente manteniéndolos en oscuridad. Al finalizar el periodo de incubación se realizaron dos lavados con 2mL de buffer de tinción 1x y se centrifugaron por 5 min a 375 x g, se eliminaron los sobrenadantes y finalmente se adicionaron 500 µL de solución de tinción 1x para fijar las células. Se dejaron en refrigeración y posteriormente, las muestras se analizaron en el citómetro de flujo FACScalibur, utilizando el programa de adquisición Cell Quest.

7.6 Análisis Estadístico

El análisis estadístico de los datos se realizó utilizando el software GraphPadPrism version 6.01 (California, EEUU). Se utilizó el test no paramétrico de U-Mann-Whitney. Se consideró estadísticamente significativo un valor de $p < 0,05$.

8. RESULTADOS

8.1 Datos de las muestras estudiadas.

En la figura 9 se muestra la curva de crecimiento de 10 camadas de ratas bien nutridas y 10 camadas desnutridas experimentalmente durante el periodo de lactancia, recordando que las camadas BN estuvieron formadas por 6 crías, mientras que las camadas DN por 17 crías. Las camadas se formaban al día siguiente de nacidas, tomando el peso a cada camada y ese día se registraba como uno, hasta el día 21, que correspondió al destete.

El promedio de peso corporal al siguiente día de nacidas fue de 7.31 ± 0.88 gramos. El peso de las ratas DN experimentalmente fue significativamente menor que el de las BN desde los cinco días de edad ($p < 0.05$).

En la evaluación del procedimiento de inducción de desnutrición experimental durante la lactancia sobre el aumento en el peso corporal, se observó que las ratas BN de 21 días tuvieron un peso promedio de 58.68 ± 8.59 g (Cuadro 2). Mientras, que las DN tuvieron un peso promedio de 25.62 ± 10.15 g (Cuadro 3) y un déficit de peso promedio de 54.58 % (DN de tercer grado), el peso más bajo que las ratas experimentaron fue de 12.80g (tercer grado de DN) y el más alto fue de 40.80g que representa un déficit de 27.69 % (segundo grado de DN), obteniendo 4 ratas con segundo grado de desnutrición y 13 ratas con tercer grado de desnutrición. El peso de las ratas DN fue significativamente menor respecto al grupo BN $p < 0,05$.

Cuadro 2. Pesos corporales promedio de ratas lactantes bien nutridas y desnutridas			
	Ratas BN	Ratas DN	
n	Promedio de (g)	Promedio de peso (g)	Promedio déficit de peso en porcentaje (%)
17	58.68 ± 8.59	25.62 ± 10.15	54.58 ± 18.00

Cuadro 3. Peso corporal y déficit de peso de las ratas desnutridas		
DN		
Rata	Peso (g)	Déficit de peso (%)
1	12.80	77.31
2	12.90	77.13
3	13.10	76.78
4	14.00	75.19
5	17.10	69.69
6	17.10	69.69
7	19.60	65.26
8	21.00	62.78
9	28.60	49.31
10	28.90	48.78
11	31.10	44.88
12	32.20	42.93
13	32.30	42.76
14	37.50	33.54
15	38.10	32.48
16	38.50	31.77
17	40.80	27.69

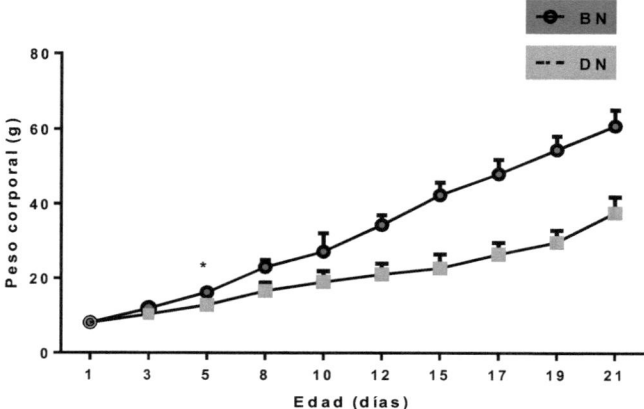

Figura 9. Curva de crecimiento de 10 camadas de ratas BN y DN a las que se indujo desnutrición durante el periodo de lactancia. Cada punto representa el promedio (± DE) de 6 ratas BN y 17 ratas DN.

Estos valores nos indican que el método de desnutrición experimental por competencia de alimento fue óptimo, debido a que nos permitió obtener ratas con diferentes grados de desnutrición.

Se trabajaron 13 ratas con desnutrición de tercer grado con déficit de peso entre 77 y 42% y 4 ratas con desnutrición de segundo grado con un déficit de peso de 33 a 27%.

8.2 Estandarización de la técnica de tinción intracelular en linfocitos

Antes de realizar el marcaje de las células Treg se llevó a cabo la viabilidad y el conteo celular en timo y sangre de ratas BN y DN. Así, también se verificó con el amortiguador permeabilizador, debido a que la detección del factor de transcripción Foxp3 requirió de la permeabilización celular y se observó disminución en el número de células, así como cambios en la morfología. Por lo que, se procedió a estandarizar la cantidad y el tiempo de esta solución al permeabilizar las células. En el cuadro 4 se presentan los resultados obtenidos de los porcentajes de viabilidad.

Cuadro 4. Porcentajes de viabilidad y densidad celular en timo y sangre		
Tejido	% de Viabilidad	Concentración de células (cel/mL)
TIMO		
Control	94.49%	1.04×10^{10}
Al permeabilizar 10 min/500µL	95.20%	7.14×10^{9}
Desnutrida	88.67%	5.44×10^{8}
Al permeabilizar	87.00%	2.88×10^{8}
SANGRE		
Control	97.66%	1.25×10^{9}
Al permeabilizar 10 min/500µL	92.43%	8.50×10^{8}
Desnutrida	87.00%	5.92×10^{8}
Al permeabilizar	85.59%	2.64×10^{8}

En la figura 10 se ilustra la viabilidad celular de los linfocitos donde se observan las células vivas que fueron impermeables al colorante de exclusión, así como las células muertas se observan teñidas. Se realizaron diferentes pruebas, hasta obtener la viabilidad y el número de células adecuadas para el estudio.

Figura 10. Imagen tomada al realizar los conteos al microscopio en cámara de Neubauer

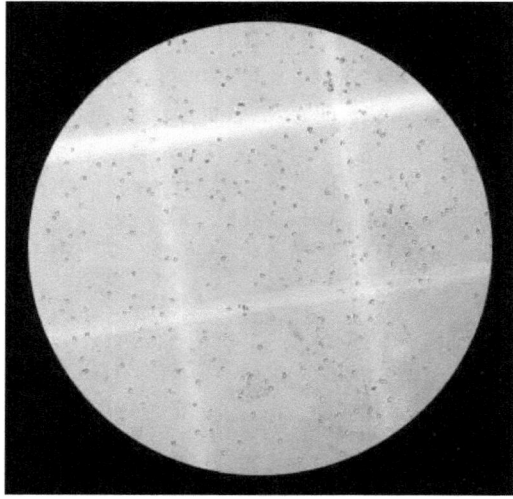

8.3 Porcentajes de células T reguladoras en timo

En el cuadro 5 se muestran el porcentaje promedio de células Treg en timo de ratas BN, fue de 6.25 ±1.67%, mientras que en las ratas DN fue de 11.60 ± 2.27% (figura 11). El incremento del porcentaje de células Treg en timo de rata DN osciló entre 3.43 a 6.95%, observando un aumento significativo en el porcentaje de las

células Treg en ratas DN con relación a las BN.

Cuadro 5. Incremento de células Treg en timo de ratas bien nutridas y desnutridas.			
% de Células T reguladoras			
Timo			
n	**BN**	**DN**	**Incremento**
1	3.37	8.33	4.96
2	3.70	9.52	5.82
3	3.70	9.52	5.82
4	6.06	9.67	3.61
5	6.25	9.68	3.43
6	6.45	10.0	3.55
7	6.67	11.11	4.44
8	6.67	12.5	5.83
9	6.90	13.33	6.43
10	7.14	14.09	6.95
11	7.69	14.29	6.60
12	8.33	14.29	5.96
13	8.33	14.49	6.16
P	**6.25**	**11.60**	
DE	**1.67**	**2.27**	
Se indican los valores individuales, así como el incremento en las ratas DN en relación al valor de las BN.			

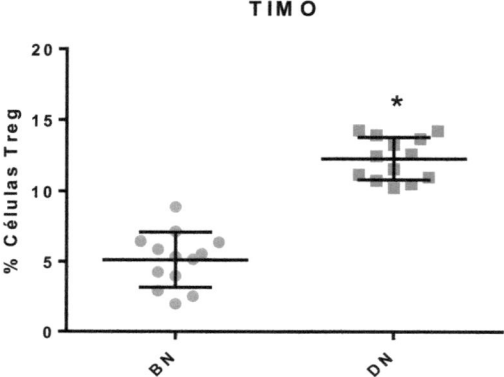

Figura 11. Porcentaje de células Treg en timo de ratas bien nutridas (BN) y desnutridas (DN) durante la lactancia. Cada punto representa a una rata y cada grupo está formado por 13 ratas. Se observó diferencia significativas entre ambos grupos (P<0.05).

8.4 Porcentaje de células T reguladoras en sangre periférica

En el cuadro 6 se muestran, los porcentajes de células Treg en sangre de ratas BN y DN obteniendo un promedio de 5.12 ± 1.94% para las primeras y de 12.30 ± 1.48% para las segundas. El incremento del porcentaje de células Treg en sangre de rata DN osciló entre 5.4 a 8.26% (Figura 12). Siendo mayor a la observada en el timo de ratas DN.

Cuadro 6. Incremento de células Treg en sangre de ratas BN y DN			
% de células T reguladoras			
Sangre			
n	BN	DN	Incremento
1	2.00	10.26	8.26
2	2.56	10.53	7.97
3	2.94	10.77	7.83
4	4.00	11.01	7.01
5	4.28	11.20	6.92
6	5.17	11.59	6.42
7	5.36	12.50	7.14
8	5.56	12.64	7.08
9	5.88	13.30	7.42
10	6.38	13.70	7.32
11	6.45	13.96	7.51
12	7.14	14.24	7.10
13	8.89	14.29	5.40
P	5.12	12.30	
DE	1.94	1.48	
Se indican los valores individuales, así como el incremento en las ratas DN en relación al valor de las BN			

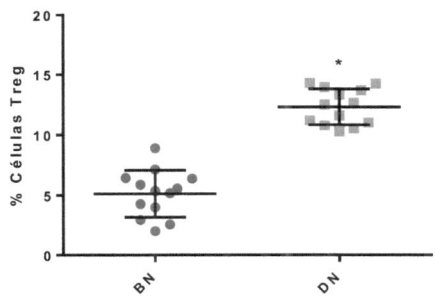

SANGRE

Figura 12. Porcentaje de células Treg en sangre de ratas BN y DN durante la lactancia. Cada punto representa a una rata y cada grupo está formado por 13 ratas. Diferencia significativas entre ambos grupos (P<0.05).

8.5 Comparación de porcentajes de células T reguladoras entre ratas BN y DN

Los datos indicaron que existió mayor porcentaje de células Treg en sangre de ratas DN que en timo; en cambio en las ratas BN hubo porcentajes más altos en timo que en sangre de células Treg. Por lo que se consideró necesario comparar los datos obtenidos para determinar si existe diferencia entre los dos tejidos analizados de células Treg. En la figura 13 se muestra el promedio del porcentaje de células Treg, en timo fue de 5.34, el mínimo observado fue de 4.96 y el máximo de 6.16. Mientras que en sangre el promedio fue de 7.18, el mínimo observado fue de 5.40 y el máximo observado de 8.26. Cuando se compararon los porcentajes de las células Treg en sangre de ratas DN con las de timo, se observó que no existió diferencia. Asimismo, la comparación de las ratas BN entre timo y sangre, no mostraron diferencias estadísticas.

En la figura 13 se muestra el porcentaje promedio de células Treg en sangre y timo de ratas BN y DN. No hay diferencia significativa entre timo y sangre de ratas DN

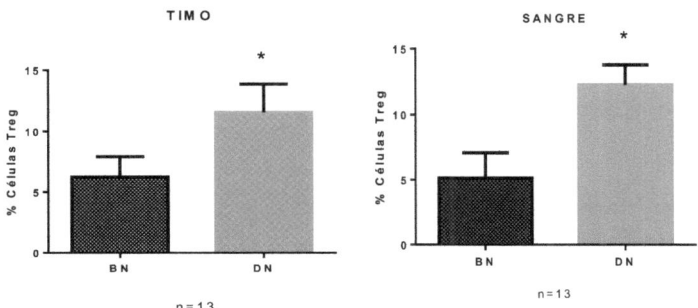

Figura 13. Porcentaje promedio de células Treg en timo y sangre de ratas BN y DN. Se observó diferencia significativas entre BN y DN (P<0.05).

8.6 Correlación de peso contra porcentaje de células Treg

En la figura 13 se muestra la correlación entre el peso de las ratas DN con los porcentajes de células Treg en timo y sangre, para inferir un posible efecto del peso con los porcentajes obtenidos en el modelo experimental de desnutrición. Sin embargo, no se observó correlación alguna.

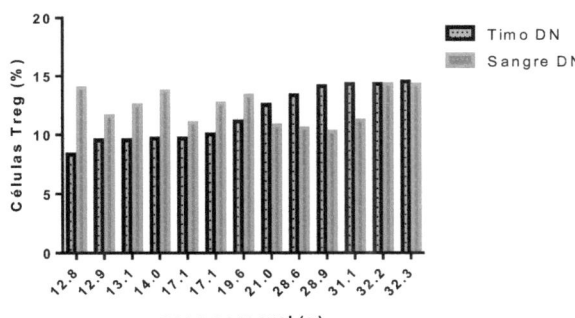

Figura 14. Peso de ratas DN contra los porcentajes obtenidos de células Treg en timo y sangre. Se observó correlación en timo, pero no en sangre.

8.7 Análisis de la producción de IL-10

Este análisis se centró en la detección de células Treg IL-10+ en ratas BN y DN. En el cuadro 7 se muestra el promedio de los pesos y los porcentajes de células IL-10+ correspondientes.

N	Promedio de Peso	Timo BN	Bazo BN
4	**g**	% de células IL-10+	
	54.44	6.38	6.30
		5.36	5.89
		5.91	6.21
		6.14	6.85
Promedio		5.94	6.31
DE		0.43	0.39
		DN	**DN**
4	38.72	14.46	15.15
		14.17	17.30
		13.96	11.28
		12.50	15.93
Promedio		13.77	14.91
DE		0.87	2.58

Cuadro 7. Porcentajes de células CD4+ CD25+ IL10+, en timo y bazo de ratas bien nutridas (BN) y desnutridas (DN)

El aumento de las células Treg se correlaciona positivamente con el aumento de la IL-10+. Los porcentajes de células IL-10+ aumentaron significativamente en timo y bazo de ratas desnutridas comparadas con las bien nutridas, sin embargo al comparar el porcentaje en timo y bazo de ratas desnutridas no mostraron diferencia significativa.

En la figura 15 **(A)** se muestra el porcentaje promedio de células IL-10+ en timo de ratas DN fue de 13.77 ± 0.75%, mientras que en BN fue de 5.94 ± 0.37% ($P<0.05$), **(B)** se muestra el porcentaje de células en bazo de ratas DN, que fue de 14.91 ±

2.58% y en BN 6.31 ± 0.34% (P<0.05), por lo que los porcentajes de IL-10 fueron estadísticamente significativos entre DN y BN. Los porcentajes de células IL-10+ aumentaron significativamente en timo y bazo de ratas desnutridas comparadas a las bien nutridas. **(C)** se muestran los porcentajes de células Treg IL-10+ en timo y bazo de ratas DN no se apreció diferencia significativa ya que el promedio en timo fue de 13.77 ± 0.75, mientras que en bazo fue de 14.91 ± 2.58.

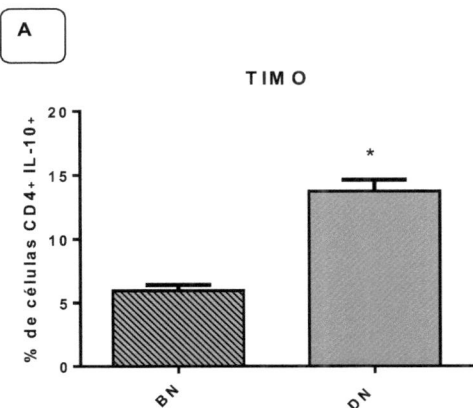

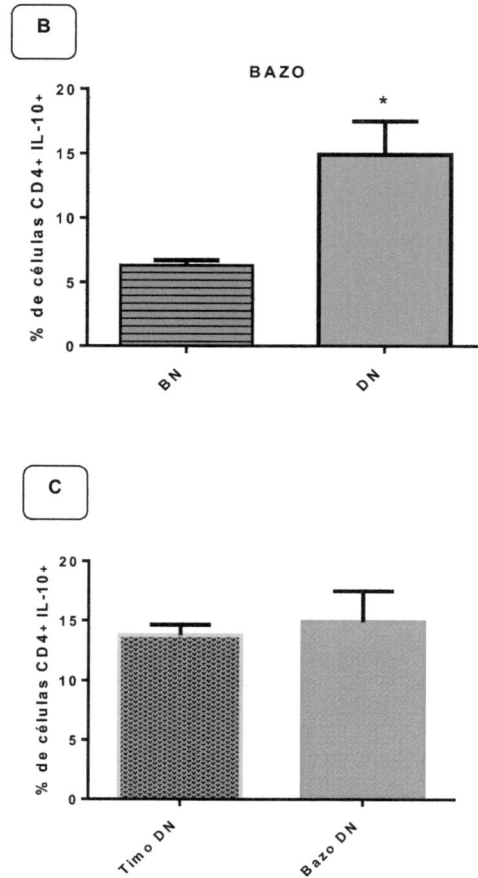

Figura 15. Porcentaje promedio de células Treg productoras de IL-10. A y B muestran los porcentajes de células positivas a IL-10 en timo y bazo de ratas BN contra DN, ambos presentan diferencia significativa (p< 0.05). En **C** se muestran los porcentajes de células IL-10+ entre timo y bazo de ratas DN, no se encontró diferencia significativa.

9. DISCUSIÓN

La relación entre la desnutrición y el sistema inmunológico no se limita solamente a la actividad sobre la resistencia a las infecciones. Esta relación afecta a casi todas las funciones fisiológicas y patológicas en el organismo (Guha-Sapir, 1991).

La desnutrición se ha identificado como un importante factor de riesgo para la predisposición a infecciones que pueden representar riesgo mortal (Tupasi *et al.*, 1988). Diversas observaciones indican que existe una estrecha relación entre la desnutrición y las infecciones graves, lo que se demuestra en el hecho de que las enfermedades infecciosas son el factor principal que se asocia con un incremento tanto en la gravedad de la desnutrición, como en la frecuencia de muertes de niños (Kumar *et al.*, 1994). Se ha determinado que existe una fuerte asociación entre la desnutrición y el deterioro de algunas funciones inmunológicas principalmente las mediadas por linfocitos T, por lo que se ha considerado que la desnutrición es la principal causa de inmunodeficiencia en todo el mundo (McMurray *et al*, 1981; Suskind, 1990; Dai *et al*, 1998; Chandra, 1999).

Como se han señalado, hay diversos estudios que sustentan el efecto de la desnutrición en la inmunidad innata y la adquirida Previamente se ha demostrado que las células de niños desnutridos tienen escasa capacidad proliferativa e insuficiente producción de citocinas lo cuál podría ser atribuido a la presencia de células Treg, debido a que se ha demostrado que estas células tienen la capacidad de impedir la producción de IL-2 e inhiben la proliferación de células T CD4+ y CD8+ (Belkaid y Rouse; 2005).

En este estudio se evaluó la proporción de las subpoblaciones de células T reguladoras en sangre y timo de ratas desnutridas, para así conocer una de las posibles causas por la cual los organismos desnutridos presentan deterioro en la respuesta inmunológica.

Por los resultados obtenidos en este estudio se deduce que las células Treg podrían estar implicadas en la supresión del sistema inmunológico de los individuos desnutridos. Esto probablemente se debe al estado de desnutrición en el que se encuentran, ya que como se sabe, en los organismos desnutridos ninguna función se puede considerar fisiológicamente adecuada, debido a que ante una privación nutricional desarrollada paulatinamente, se amplian una serie de adaptaciones fisiológicas y metabólicas que tienen como objetivo la sobrevivencia. Sin embargo, la severidad de la privación nutricional se puede volver crónica y sobrepasar la capacidad adaptativa (Karp y Koch, 2006).

Los resultados del presente estudio evidenciaron que la proporción de células Treg CD4+/CD25+/Foxp3+ en sangre de ratas desnutridas fue significativamente mayor en comparación con las ratas bien nutridas. Este incremento en el número de células Treg en sangre, podrían estar relacionado con la inmunosupresión observada en organismos desnutridos. Lo anterior, se sustenta en el hecho de que en diversos estudios se ha demostrado que las células Treg tienen la capacidad de inhibir la activación y proliferación de células T, su actividad supresora está relacionada con su capacidad de inhibir la producción de IL-2 (hormona linfotrófica) y promover la disminución de la capacidad proliferativa de las células T CD4+ y CD8+ (Belkaid y Rouse; 2005).

Además, existen evidencias que han demostrado que las células T reguladoras CD4+CD25+ aisladas de sangre periférica humana suprimen fuertemente la proliferación y la producción de citocinas *in vitro* en células T nativas y de memoria (Jonuleit *et al.*, 2001; Levings *et al.*, 2001).

Las células T reguladoras son generadas en el timo o en la periferia (Itoh *et al.*, 1999) y, una vez activadas, suprimen otras células T (Thornton *et al.*, 1998). Un resultado funcional de la supresión es el deterioro de la producción de IL-2 (Thornton *et al.*, 1998). Sin embargo, existe evidencia acerca de que una producción inicial de IL-2 por células efectoras es necesaria para la expansión de células T CD4+ CD25+ y la inducción de sus funciones supresoras (Thornton *et al.*, 2004).

La respuesta mediada por células en los organismos con DCP, se encuentra considerablemente dañada y se manifiesta en la baja respuesta *in vitro* de los linfocitos a mitógenos (Chandra, 1991, Ortiz *et al*, 1994). Por lo tanto, el incremento en la proporción de células Treg observada en el presente estudio podría ser una de las posibles causas de la disminución en la capacidad proliferativa de los linfocitos en organismos desnutridos.

Estudios realizados en sangre periférica de niños desnutridos demuestran una disminución en la proporción de células T activadas (CD69+) al ser incubadas con diferentes mitógenos, los autores indican que la disminución en el porcentaje de células CD4+CD69+ y CD8+CD69+ observado en los niños desnutridos, con comparación a los bien nutridos infectados es un evento trascendental directamente involucrado con la inmunodeficiencia observada en los niños desnutridos (Nájera *et al.*, 2001, Rodríguez *et al.*, 2005). La disminución en la capacidad proliferativa de las células en sangre periférica podría ser también una consecuencia del incremento en la proporción de células Treg.

Investigaciones realizadas en humanos y animales desnutridos, han demostrado que existen alteraciones en la capacidad para producir ciertas citocinas. Algunos de los estudios realizados en animales experimentales, presentan disminución en la producción de IL-2 (Mc Murray *et al.*, 1989). De igual modo, Rodríguez *et al.*, (2005) encontraron una disminución significativa en la producción de IL-2 e IFN-γ por células CD4+ y CD8+ de sangre periférica de niños desnutridos.

Con respecto a las células Treg, son numerosos los estudios que han analizado la función de estas células en distintas patologías relacionadas con el sistema inmunológico. En los últimos años se ha avanzado mucho en el conocimiento de las bases moleculares y en la actividad de las células Treg *in vitro* y en modelos animales. Sin embargo, no existen datos que estén relacionados con la desnutrición.

También, se han realizado estudios en los que se ha demostrado valores aumentados de células Treg. Estos hallazgos se realizaron con sangre periférica de pacientes con diversas patologías, infección por VIH (Jaramillo *et al.*, 2011), tumores de tipo melanomas (Ahmadzadeh *et al*, 2008), enfermedad crónica de Chagas (Lasso, 2009), infección por citomegalovirus (Litjens, 2012) entre otros. Los datos informados demuestran el impacto negativo que tienen las células Treg sobre el sistema inmunológico, es decir, la función de las células Treg suprime la respuesta específica, impidiendo una respuesta inmunológica adecuada.

En el presente estudio resultó también interesante evaluar la proporción de las células T reguladoras (CD4+/CD25+/Foxp3+) en timo de ratas bien nutridas y desnutridas durante la lactancia. Al utilizar el modelo experimental animal para el estudio de los efectos de la desnutrición, se tuvo la ventaja de controlar diversos factores incluyendo los que acompañan a la desnutrición. Debido a que existen métodos bien establecidos para inducir la desnutrición en ratas durante el periodo de lactancia, (Ortiz *et al.*, 1996). Diversas investigaciones concuerdan que la desnutrición afecta seriamente al timo y a los precursores de los linfocitos T, esto lo convierte en un órgano principal de estudio para poder establecer una relación entre la desnutrición y la inmunodeficiencia. De modo que, el timo es un órgano altamente sensible a la condición nutricional y por ello se ha catalogado por varios autores como el "barómetro de la desnutrición" (Prentice, 1999). Al estudiar los timos post mortem de niños desnutridos se ha demostrado que la desnutrición se asocia con la atrofia del timo, así como con la disminución de linfocitos timo-dependientes en los ganglios linfáticos y el bazo (Purtilo y Connor, 1975).

Como se mostró previamente, los resultados del presente estudio indican que en el timo de ratas desnutridas existe un aumento significativo de la proporción de células Treg en comparación con el timo de las ratas bien nutridas, lo cual podría explicarse debido a que la matriz extracelular anormal en el timo podría ser una causa en la que el contacto de los timocitos con esta active y/o incremente los procesos de diferenciación celular hacia el subtipo de células Treg., ya que se sabe que la desnutrición afecta tanto a los elementos linfoides como epiteliales del timo., esto concuerda con lo reportado por Lyra *et al.*, (1993), ellos reportaron el incremento de la matriz extracelular de la red intralobular al estudiar los timos de niños desnutridos. Otra posible explicación del aumento de las células Treg, sería lo encontrado por Maggy *et al.* (2005), a que se seleccionan positivamente en la corteza del timo a través de sus interacciones TCR con los autopéptidos presentados por las células del estroma tímico. Es probable que esta alta afinidad de reconocimiento en las señales promueva el proceso de anergia y sean capaces de producir moléculas antiapoptóticas que las protejan de la selección negativa.

Estudios previos infieren que Foxp3 funciona como el factor específico de linaje para las células Treg. La complejidad de la ontogenia de esta población de células y los datos actuales sugieren una complejidad mayor. Fontenot *et al.*, (2003, 2005) realizaron estudios sobre el desarrollo de las células T reguladoras, donde demostraron que el factor de transcripción Foxp3 se expresaba específicamente en las células Treg CD4+ CD25+ y se requería este factor para su desarrollo. Además, la expresión de Foxp3 confería la función supresora de las células T periféricas CD4+ CD25-.Por lo tanto, Foxp3 es uno de los reguladores críticos del desarrollo y función de las células Treg CD4+ CD25+. Sakaguchi *et al.*, (2004) caracterizaron células Treg en sangre humana y posteriormente se caracterizaron en ratones y ratas. Con respecto a esto se ha reportado que el subconjunto de células Treg en los seres humanos comprende ~ 1-2% de células T CD4+circulantes, mientras que en roedores comprende del ~ 6-8 % de las células T CD4+, aunque las estimaciones pueden variar.

Otras de las funciones del factor de transcripción Foxp3 es el efecto inhibidor transcripcional que suprime la producción de IL-2 e INF-γ por mecanismos que incluyen asociación a los factores de transcripción de la familia NF-κB y NFAT (Betelli *et al.*, 2005). Esto podría relacionarse a lo observado en los organismos desnutridos, una disminución de IL-2 e INF-γ en los linfocitos, asimismo reducción de las células CD4+ y CD8+ (Rodríguez *et al.*, 2005; González *et al.*, 2008; Mengheri *et al.*, 1992). De modo que las células Treg CD4+CD25+ ejercen una fuerte actividad supresora en las células Th1, y en menor grado en las células Th2, debido a que estas pueden evadir la supresión a través de su capacidad para responder a otros factores de crecimiento que sólo a los de la IL-2; es decir que las células Th1 son altamente susceptibles a la actividad supresora de las células Treg (Maggi *et al.*, 2005).

Por otro lado, el hecho de que se obtuvieran altos porcentajes de células Treg en timo de ratas desnutridas, dio pauta para suponer que los altos porcentajes en sangre periférica de estas células se podría relacionar con lo que se ha sugerido, de que las células Treg que salen a periferia amplían la señal que se adquirió parcialmente en el timo al definir su linaje (Hill *et al.*, 2007).

Al comparar los porcentajes de células Treg en sangre y timo de ratas desnutridas y bien nutridas, no se observaron diferencia significativa; de igual manera al comparar los porcentajes de las células Treg con los pesos corporales moderado o grave. En consecuencia, estos resultados nos impulsan a seguir investigando, a realizar otras mediciones, a determinar otros marcadores e implementar diversos estudios futuros para poder dar más explicaciones a estas observaciones.

En el presente estudio se evaluó la producción de IL-10 en timo y bazo de ratas bien nutridas y desnutridas. Un estudio previo, demostró alta proporción de células

CD4+ y CD8+ productoras de IL-10 en células de sangre periférica de niños desnutridos. Los autores propusieron este incremento en la producción de IL-10 como un posible mecanismo inmunosupresor (Rodríguez et al., 2005), Sobre todo de las respuestas Th1 (Moore, et al., 2001) y que es una citocina que tiene un efecto directo sobre células T CD4+ debido a que suprime la secreción de IL-2 e IFN-γ (Taga et al., 1993).

Por lo tanto, con base en los resultados obtenidos en este estudio, se encontró que la producción de IL-10 está significativamente aumentada en ratas desnutridas con respecto a las ratas bien nutridas, se considera este podría ser un importante mecanismo inmunosupresor de las células Treg ya que tiene acción directa sobre la población de las células T efectoras (Limón, et al., 2013). Sin embargo, las señales que inducen la expresión de IL-10 por estas células, se complica por el echo de que varios tipos de células expresen IL-10 (Saravia, 2010).

Con respecto a los resultados de este estudio se infiere que el aumento de las células Treg y el aumento de la IL-10 podrían ser una de la causa de la inmunosupresión en los organismos desnutridos, aunque cabe mencionar que se necesitan esclarecer varios puntos con respecto a los mecanismos supresores de las células Treg en la desnutrición.

Con base en la regulación inmunológica se sabe que es muy compleja, y los mecanismos de supresión todavía no se han esclarecido completamente.

Sin embargo, estaba claro que las poblaciones de células Treg también podrían mediar estas respuestas por contacto celular en ausencia de la secreción de citocinas. Los experimentos demostraron que las células Treg CD4+ CD25+ funcionan como reguladores efectores clave en ratones y han proporcionado información importante sobre una población celular específica que lleva a cabo la regulación inmunológica a través de la propia supresión de la respuesta inmunológica (Asano *et al.,* 1996; Mason, 2000).

Después de las consideraciones anteriores podemos deducir que nuestro estudio aporta nuevos datos sobre el papel que podrían representar las células Treg y la IL-10 en la desnutrición.

10. PERSPECTIVAS

Para avanzar con esta línea de investigación, sería conveniente evaluar y analizar el número, capacidad de activación y funcionalidad de células T reguladoras en timo, bazo y sangre de ratas desnutridas durante la lactancia, así como evaluar los mecanismos de inmunosupresión de las células T reguladoras sobre la respuesta inmunológica de estas. Así mismo, sería importante determinar los valores absolutos de las células Treg, ya que en la mayoría de los trabajos determinan los porcentajes. Sin embargo, es importante mencionar que al no contar con estudios de referencia en este tema, se necesitan estrategias de evaluación para llevar a cabo estos estudios.

11. CONCLUSIONES

- El método de desnutrición experimental por competencia de alimento nos permitió obtener ratas en segundo y tercer grado de desnutrición.

- El porcentaje de células T reguladoras en timo fue mayor en las ratas lactantes desnutridas en comparación con las ratas bien nutridas.

- La proporción de células Treg en sangre fue mayor en las ratas lactantes desnutridas en comparación con las ratas bien nutridas.

- La relación de células T reguladoras en sangre presenta un ligero incremento comparado con el porcentaje de células Treg en timo en ratas desnutridas.

- El porcentaje de Interleucina 10+ (IL-10) en timo es mayor en las ratas lactantes desnutridas comparadas con las ratas bien nutridas.

- La proporción de células productoras de Interleucina 10+ (IL-10) en bazo fue mayor en las ratas lactantes desnutridas comparadas con las ratas bien nutridas.

- La relación de Interleucina 10+ (IL-10) entre timo y bazo no presentó diferencia significativa en ratas desnutridas.

12. BIBLIOGRAFÍA

1. Abbas, A., Lichtman, A. (2012). Inmunología Celular y Molecular . (7th ed), España.

2. Ahmadzadeh, M., Aloisi, F., Heemskerk, B., Powell, D., Wunderlich, J., Merino, M., Rosenberg, S. (2008). "FOXP3 expression accurately defines the population of intratumoral regulatory T cells that selectively accumulate in metastatic melanoma lesions." Blood (112): 4953-4960

3. Aguilera, M., Álvarez, G., Antoine, J., Aranda, I., Barbeito, S., Bell, I...Díaz., L. (2011). Inmunonutrición. México, 2011.

4. Asano, M., Toda, M., Sakaguchi, N., Sakaguchi, S. (1996). "Autoimmune disease as a consequence of developmental abnormality of a T cell subpopulation." J. Exp. Med: 184: 387.

5. Belkaid, Y and Rouse, B. (2005). "Natural regulatory T cells in infectious disease." Nat Immunol 6(4): 353-60.

6. Belkaid, Y. (2009). "Regulatory T cells in the control of host-microorganism interactions." Annu. Rev Immunol 27: 551-589.

7. Betancourt, M., y Ortiz, R (1991). "Efectos de la desnutrición severa en el nivel citogenético." Ciencia 42: 367-373.

8. Betelli, E., Dastrange, M., Oukka, M. (2005). "Foxp3 interacts with nuclear factor of activated T cells and NF-kB to repress cytokine gene expression and effector functions of the T helper cells." Proc Natl Acad Sci U S A 102: 5138-5153.

9. Bopp, T., Becker, C., Klein, M., Klein-Hessling, S., Palmetshofer, A., Serfling, E. (2007). "Cyclic adenosine monophosphate is a key component of regulatory T cell-mediated suppression." J Exp Med 204(6): 1303-10.

10. Brown, K. (1994). "Dietary management of acute diarrheal disease: contemporary scientific issues." J Nutr 124(8 Suppl): 1455S-1460S.

11. Carlson, B. M. (2000). Embriología básica de Patten. M.-H. Interamericana.5°. 159-563 Cortés, E., Gomez,H., Ortiz, R. (2008). "Effects of moderate and severe malnutrition in rats on splenic T lymphocyte subsets

and activation assessed by flow cytometry." Clin Exp Immunol **152**(3): 585-92.

12. Chalmers, I., Janossy, G., Contreras, M and Navarrete, C. (1998). " Intracellular cytokine profile of cord and adult blood lymphocytes." Blood **92**: 11-18.

13. Chandra, R., Baker, M., Whang, S., Au, B. (1991). "Effect of two feeding formulas on immune responses and mortality in mice challenged with Listeria monocytogenes." Immunol Lett **27**(1): 45-8.Chandra, R. (1992). "Protein-energy malnutrition and immunological responses." J Nutr **122**(3): 97s-600s.

14. Chandra, R. (1999). " Nutrition and immunology: from the clinic to cellular biology and back again." Proc Nutr Soc **58**: 681-3.

15. Chandra, R. (2004). Nutrición y sistema inmune desde la infancia hasta

16. la edad avanzada. Actualización en nutrición, Inmunidad e Infección. Panamericana. Madrid. 1-9.Chandra, R., Gupta, S. and Singh, H. (1982). " Inducer and suppressor T cell subsets in protein energy malnutrition. Analysis by monoclonal antibodies." Nutr Res **2**: 21-26.

17. Cravioto, J. y Arrieta, R. 1985. Nutrición, desarrollo mental, conducta y aprendizaje. Ed. INCYTAS-DIF. México. 191 pp.

18. Chung, J., Wells, A., Adler, S., Jacob, A., Turka, L., Monroe, J. (2003). "Incomplete activation of CD4 T cells by antigen-presenting transitional immature B cells: implications for peripheral B and T cell responsiveness." J Immunol **171**(4): 1758-67.Dai, G., Phalen, S., McMurray, D. (1998). "Nutritional modulation of host responses to mycobacteria." Front Biosci **3**: 110-22.Derek, M. (2005). "Malnutrition and infection." **33**: 14-16.

19. Fainboim, L., Geffner J. (2005). Introducción a la Inmunología Humana.(5th ed). Argentina.

20. Fehervary, Z., Sakaguchi, S. (2004). "Development and function of CD25+CD4+ regulatory T cells." Current Opinion in Inmunology **16**: 203-

208.Gómez, F., Galván, R., *et al.* (1955). "Malnutrition in infancy and childhood, with special reference to kwashiorkor." Adv Pediatr 7: 131-69.

21. Gómez, F., Rámos, R., Cravioto, J., Frenk, S. (1999). "Desnutrición de Tercer Grado en México." BOL MED HOSP INFANT MEX 56: 238-240.

22. Gomez, F. (2003). "[Malnutrition]." Salud Publica Mex **45 Suppl 4**: S576-82

23. González, C., Rodríguez, L., Bonilla, E., Betancourt, M., Siller, N., Zumano, E., and Ortiz, R. (1997). "Electrophoretic analysis of plasmatic and lymphocyte secreted proteins in malnourished children." Med. Sci. Res. **25**: 643-646.

24. González, H., Rodríguez, L., Nájera, O., Cruz, D., Miliar, G., Domínguez, A., Sánchez, F.(2008). "Expression of Cytokine mRNA in Lymphocytes of Malnourished Children." J Clin Immunol 28: 593-599.

25. González, J., Duque, V., Velázquez, M. (2010). "FOXP3: Controlador maestro de la generación y función de las células reguladoras naturales." Inmunología **29**(2): 74-84.

26. Groux, H., Bigler, M.,de Vries, J., Roncarolo, M. (1996). "Interleukin-10 induces a long-term antigen-specific anergic state in human CD4+ T cells." J Exp Med **184**(1): 19-29.Grover Z. (2009). Protein energy malnutrition. Pediatr Clin North. 56 (5): 1055- 1068.

27. Guha-Sapir, D. (1991). "Rapid Assessment of Health Need in Mass Emergencies: Review of Current Concepts And Methods." World Health Statistics Quarterly **44**.

28. Hill, J., Feuerer, M., Tash, K., Haxhinasto, S., Perez,J., Melamed, R..(2007). "Foxp3 Transcription-Factor-Dependent and -Independent Regulation of the Regulatory T Cell Transcriptional Signature." Immunity 27: 786-800.

29. Itoh, M., Takahashi, N., Sakaguchi, Y., Kuniyasu, J., Shimizu, F., Otsuka, S,.Sakaguchi, S. (1999). "Thymus and autoimmunity: production of CD25 CD4 naturally anergic and suppressive T cells as a key function of the thymus in maintaining immunologic self-tolerance." J. Immunol. **162**:: 5317-5326.Jaramillo, L., Muñoz, M., Correa, R. (2011). "A Preliminary study about

Treg cells phenotypical alteration causedby HIV infection in adult patients." Revista Complutense de Ciencias Veterinarias 5(2): 49-64.

30. Levings, M., Sangregorio, R., Roncarolo, M. (2001). "Human CD25+CD4+ T regulatory cells suppress naive and memory T-cell proliferation and can be expanded in vitro without loss of function." J. Exp. Med **193**: 1295-1302.

31. Jonuleit, H., Schmitt, E., Stassen, M., Tuettenberg, A., Knop, J., Enk, A. (2001). "Identification and functional characterization of human CD4(+)CD25(+) T cells with regulatory properties isolated from peripheral blood." J Exp Med **193**(11): 1285-94.Karp, S., Koch, T. (2006). "Mechanisms of macronutrient deficiency and associated clinical conditions." Dis Mon **52**(4): 164-9.

32. Kanwar, B., Favre,D. et al. (2004) "Th17 and regulatory T cells: implications for AIDS pathogenesis." Curr Opin HIV AIDS **5**(2): 151-7.

33. Keusch, G. (1993). Malnutrition and the thymus gland. Nutrient modulation of the immune response. M. Dekker. New York, Cunningham-Rundlles S: 283-99.Kim, C. (2006). "Migration and function of FoxP3+ regulatory T cells in the hematolymphoid system." Exp Hematol **34**: 1033-1040.

34. Kumar, A. and Vali, S. (1994). "Anthropometric and clinical nutrition status of workers in some Indian factories." Asia Pac J Clin Nutr **3**(4): 179-84.

35. Lal, N., Bazaz-Malik, G. y Sehgal, H. (1980). "Profile of T and B lymphocytes in malnourished children." Indian J Med Res **71**: 576-80.

36. Lasso, P., Cuéllar, A., Rosas, F., Velasco,V., Puerta., C. (2009). "Dendritic cells and natural regulatory T lymphocytes in chronic chagasic patients." Infect Immun **4**(13): 246-253.

37. Law, J., Hirschkorn, D.,Owen R., Biswas, H., Norris P., Lanteri M. (2009). "The importance of Foxp3 antibody and fixation/permeabilization buffer combinations in identifying CD4+CD25+Foxp3+ regulatory T cells." Cytometry A **75**(12): 1040–1050.

38. Limón, L., Solleiro H, Pupko I, Lascurainc R,Vargas M. (2013). " Las células T reguladoras en la enfermedad pulmonar obstructiva crónica." Arch Cardiol Mex **83**(1): 45-54.

39. Lyra, J., Madi, K., Maeda, C., Savino, W. (1993). "Thymic extracellular matrix in human malnutrition." J Pathol **171**(3): 231-6.Litjens, N., Boer, K., Betjes, M. "Identification of circulating human antigen-reactive CD4+ FOXP3+ natural regulatory T cells." J Immunol **188**(3): 1083-90.

40. Márquez, H., García, V., Caltenco,M., García, E., Márquez, H., Villa, A. (2012). "Clasificación y evaluación de la desnutrición en el paciente pediátrico." www.medigraphic.org.mx **7** (2): 59-69.

41. McMurray, D., Casazza, J., Rey, H., Miranda, R. (1981). "Development of impaired cell-mediated immunity in mild and moderate malnutrition." Am J Clin Nutr **34**: 68-77.

42. McMurray D., Casazza. J, Rey, H, Miranda, R. (1981). "Development of impaired cell-mediated immunity in mild and moderate malnutrition." Am J Clin Nutr **34**: 68-77.Maggi, E., Cosmi, L., Liotta, F., Romagnani, P., Romagnani, S., Annunziato, F. (2005). "Thymic regulatory T cells." Autoimmunity Reviews **4**: 579– 586.

43. Maloy , K., Powrie F (2001). "T regulatory control of immune pathology." nature Immunol **2** 816-22.

44. Mason, D., Stephens, L. (2000). "CD25 Is a Marker for CD41 Thymocytes That Prevent Autoimmune Diabetes in Rats, But Peripheral T Cells with This Function Are Found in Both CD251 and CD252 Subpopulations1." The Journal of Immunology **165**: 3105–3110

45. Mengheri, E., Nobili, F., Crocchioni, G., Lewis, J. (1992). "Protein starvation impairs the ability of activated lymphocytes to produce interferongamma." J Interferon Res **12**: 17–21.

46. Montoya, C., Velilla P., Rugeles, M. (2010). "Characterization of regulatory T cells by flow cytometry: current status and controversies." Biomedica **30**(supl): 37-44.

47. Moore, K., de Waal Malefyt, R., Coffman, R., O'Garra, A. (2001). "Interleukin-10 and the interleukin-10 receptor." <u>Annu Rev Immunol</u> **19**: 683-765.

48. Nájera, O., Toledo, G., López, L., Ortiz, R. (2004). "Flow cytometry study of lymphocyte subsets in malnourished and well-nourished children with bacterial infections." <u>Clin Diagn Lab Immunol</u> **11**(3): 577-80.

49. Nájera, O., González, C., Toledo, G., Lopez, L., Cortes, E., Betancourt, M., Ortiz, R. (2001). "CD45RA and CD45RO isoforms in infected malnourished and infected well-nourished children." <u>Clin Exp Immunol</u> **126**(3): 461-5.

50. O´Garra, A., Vieira P. (2004). "Regulatory T cells and mechanims of inmune control." <u>Nat Medicine</u> **10**: 801-805.

51. Opal, S., De Palo, V. (2000). "Antiinflamatory cytokines." <u>Chest</u> **117**: 1162-1172.

52. Ortiz, R., Cortés, E., Pérez, L., Cortés, L., González, C., Rodríguez, E y Betancourt, M. (1999). "Desnutrición experimental por competencia de alimento durante la lactancia y su efecto sobre la fórmula leucocitaria en sangre periférica." <u>Rev Hispanoamericana</u> **4**: 33-39.

53. Ortiz, R., Pérez,C., González, C and Betancourt, M. (1996). "Assessment of and experimental method to induce malnutrition by food competition during lactation." <u>Med Sci Res</u> **24**: 843-846.

54. Ortiz, R. (2008). "Effects of Malnutrition on Inmunologic Fuction." <u>curr Res in Inmunology</u> **2**: 345-366

55. Panaro, A., Amati, A., di-Loreto, M. (1991). "Lymphocyte subpopulations in pediatric age. Definition of reference values by flow cytometry." <u>Allergol-Immunophathol-Madr</u> **3**(19): 109-112.

56. Prentice, A. (1999). "The thymus: a barometer of malnutition." <u>Br J Nutr</u> **81**: 345-347.

57. Powrie, F., Carlino, J., Leach, M., Mauze, S., Coffman, R. (1996). "A critical role for transforming growth factor-beta but not interleukin 4 in the

suppression of T helper type 1-mediated colitis by CD45RB(low) CD4+ T cells." J. Exp. Med. **183**: 2669-2674.

58. Puig, N., Ferrero, P. (2002). "Effects of sevoflurane general anesthesia: immunological studies in mice." Int Immunopharmacol **2**(1): 95-104.

59. Purtilo, D. and Connor, D. (1975). "Fatal infections in protein-calorie malnourished children with thymolymphatic atrophy." Arch Dis Child **50**(2): 149-52.

60. Regueiro, R., López, C., González, S., Martínez, E. (2011). Inmunología. México.

61. Rivera, J., Gonzalez, R., Lutter, W., Cossio, C., Flores-Ayala, T., Uauy, R., Delgado, H. "[Preventing maternal and child malnutrition: the nutrition component of the Mesoamerican Health Initiative 2015]." Salud Publica Mex **53 Suppl 3**: S303-11.

62. Rodríguez, L., Cervantes, E.,Ortiz, R. (2011). "Malnutrition and gastrointestinal and respiratory infections in children: a public health problem." Int J Environ Res Public Health **8**(4): 1174-205.

63. Rodríguez, L., González, C., Flores, L., Jiménez-Zamudio, L., Graniel, J., Ortiz, R. (2005). "Assessment by flow cytometry of cytokine production in malnourished children." Clin Diagn Lab Immunol **12**(4): 502-7.

64. Roitt, I., Delves, P. Essential Immunology. (2001). Essential Immunology. Blackwell Science Ltd. Panamericana. (10th ed) London. UK.Rollinghoff, M. (1997). " Immunity, components of the immune system and immune response." Biologicals **25**: 165-168.

65. Sakaguchi, S., Setoguchi, M., Yag, R.,. Hori, H., Fehervari, Z., Shimizu, J. *et al.* (2006). "Foxp3+CD25+CD4+ natural regulatory T cells in dominant self-tolerance and autoimmune disease Immunol." Revs **212**: 8-27.

66. Sakaguchi, S., Asano, N., Itoh, M., Toda, M. (1995). "Immunologic self-tolerance maintained by activated T cells expressing IL-2 receptor alpha-chains (CD25). Breakdown of a single mechanism of self-tolerance causes various autoimmune diseases." J Immunol **155**(3): 1151-64.

67. Sakaguchi, S., Nomura, T., Ono, M. (2008). "Regulatory T cells and immune tolerance." Cell **133**: 775-787.

68. Sakaguchi, S., Hori, S. (2004). "Foxp3: a critical regulator of the development and function of regulatory T cells." Microbes Infect **6**(8): 745-51.

69. Salud, O. M. (2013). "Factores de Riesgo, Nutrición." from www.who.int/es/.

70. Saraiva, M., O'Garra, A. (2010). "The regulation of IL-10 production by immune cells." nature.reviews.immunol **10**: 170-181.

71. Savino, W. (2002). The thymus gland is a target in malnutrition. Eur J Clin Nutr, 56

72. Suppl 3:S46-9.

73. Savino, W. (2006). "The thymus is a common target organ in infectious diseases." PLoS Pathog **2**(6): e62.

74. Siqueira, A., Cunha, D., Bizzarro, B., Sá-Nunes, A., Aparecida, A., Soares, S., Oliveira, D. *et al.* (2012). "Protein Malnutrition Alters Spleen Cell Proliferation and IL-2 and IL-10 Production by Affecting the STAT-1 and STAT-3 Balance." Inflammation

75. Scotto, L., Naiyer, A. J., Galluzzo, S., Rossi, P., Manavalan, J. S., Kim-Schulze, S., Fang, J.*et al* (2004). "Overlap between molecular markers expressed by naturally occurring CD4+CD25+ regulatory T cells and antigen specific CD4+CD25+ and CD8+CD28- T suppressor cells." Hum Immunol **65**(11): 1297-306.

76. Scrimshaw, A. (1964). Protein deficiency and infective diseases. Mammalian Protein Metabolism, Academic Press. **Vol. II**

77. Siachoque, H., Satisteban, N., Iglesias, A. (2011). "T regulatory lymphocytes: subpopulations, mechanism of action and importance in the control of autoimmunity." Revista Colombiana de Reumatología **18**(3): 203-220.

78. Schaible, U. and Kaufmann, S. (2007). "Malnutrition and infection: complex mechanisms and global impacts." PLoS Med **4**(5): e115.

79. Shevach, E. (2002). "CD4 + CD25 + suppressor T cells: More questions than answers." Nat. Rev Immunol **2**: 389-400

80. Smythe, P., Brereton-Stiles, G., Grace, H., Mafoyane, A., Schonland, M., Coovadia, H., Loening, W., Parent, M., Vos, G. H. (1971). "Thymolymphatic deficiency and depression of cell-mediated immunity in protein-calorie malnutrition." Lancet **2**(7731): 939-43Schmitt, N., Cumont, M., Nuçeyre, M., Hurtrel, B., Barre-Sinoussi, F., Scott-Algara, D., Israel, N. (2007). "Ex vivo characterization of human thymic dendritic cell subsets." Immunobiology **212**(3): 167-77.SSA.(2012). "ensanut.insp.mx/."

81. Statistics, N. C. f. H. (2013). "American Society of Parenteral and Enteral Nutrition". http://www.cdc.gov/nchs/

82. Sutton, C., Lalor, S., Sweeney, C., Brereton, C., Lavelle, E., Mills, K. (2009). "Interleukin-1 and IL-23 induce innate IL-17 production from gammadelta T cells, amplifying Th17 responses and autoimmunity." Immunity **31**(2): 331-41.Suskind, R. (1990). "Kettering Laboratory: a pioneer in lead research." Am J Public Health **80**(8): 1001-2.

83. Taga, K., Mostowski, H and Tosato, G. (1993). "Human interleukin-10 can directly inhibit T-cell growth." Blood **81**: 2964-2967.

84. Thornton, A., Shevach, E. (1998). "CD4+CD25+ immunoregulatory T cells suppress polyclonal T cell activation in vitro by inhibiting interleukin 2 production." J. Exp. Med. **188**: 287.

85. Thornton, A., Donovan, E., Piccirillo, C., Shevach, E. (2004). "Cutting edge: IL-2 is critically required for the in vitro activation of CD4+CD25+ T cell suppressor function." J. Immunol. **172**: 6519-6523.

86. Tupasi, T., Velmonte, M., Sanvictores, M., Abraham, L., De Leon, L., Tan, S., Miguel, C., Saniel, M. (1988). "Determinants of morbidity and mortality due to acute respiratory infections: implications for intervention." J Infect Dis **157**(4): 615-23.Vint, F. (1937). "Post mortem findings in Th; native." E. Afr. Med. J **13**: **332**.

87. Waterlow, J. (1972). "Classification and definition of protein-calorie malnutrition." Br Med J 3(5826): 566-9.

88. Yamaguchi, T. (2006). "Regulatory T cells in immune surveillance and treatment of cancer." Semin. Cancer Biol 16: 115-123.

89. Ziegler, S. (2006). "FOXP3: of mice and men." Annu. Rev Immunol 24: 209-226.